Manuel Nothacker

RECHNUNGSWESEN
SCHNELL & EINFACH VERSTEHEN

Für Wirtschaftsfachwirte

„Das Leben ist einfach, aber wir bestehen darauf, es kompliziert zu machen.“

Konfuzius

„Lang ist der Weg durch Lehren, kurz und wirksam durch Beispiele.“

Seneca

Manuel Nothacker ist erfolgreicher Lerncoach für Rechnungswesen und andere betriebswirtschaftliche Fächer. Er ist in Unternehmen, Schulen und Weiterbildungsinstituten tätig. In Theorie und Praxis beschäftigt er sich mit Methoden des einfachen und schnellen Lernens.

Manuel Nothacker

RECHNUNGSWESEN
SCHNELL & EINFACH VERSTEHEN

Für Wirtschaftsfachwirte

Bibliografische Informationen der Deutschen Nationalbibliothek:
Die Deutsche Nationalbibliothek verzeichnet diese Publikation in der Deutschen Nationalbibliografie; detaillierte bibliographische Daten sind im Internet über http://dnb.d-nb.de abrufbar.

Umschlaggestaltung: López, Nan, Fernández
Herstellung und Verlag: Books on Demand GmbH Norderstedt
ISBN: 9783848203017

MIX
Papier aus verantwortungsvollen Quellen
Paper from responsible sources
FSC® C105338

Inhaltsverzeichnis

Wichtige Information (Übungsaufgaben gratis)

Rezensionen, kostenlose Übungsaufgaben & Kritik:

Wenn Sie mit dem Buch zufrieden sind, dann geben Sie doch bitte eine ehrliche Rezension auf www.amazon.de ab. Dies gilt auch dann, wenn Sie das Buch nicht über Amazon gekauft haben. **Als kleinen Dank für die Rückmeldung sende ich Ihnen für jede Rezension eine Datei mit über dreißig Übungsaufgaben inklusive Lösung** zur Vorbereitung auf Ihre Prüfung. Senden Sie mir dazu einfach eine E-Mail mit dem Betreff: „Rezension *Ihr Amazon-Name*" (z.B.: „Rezension Sabine") an info@rewe-trainer.de.

Wollen Sie Kritik oder Anmerkungen loswerden, richten Sie diese bitte persönlich an dieselbe E-Mail-Adresse. Ich bin über jede (faire) Anregung und Kritik dankbar.

Alle Aufgaben und Aufschriebe wurden mit größtmöglicher Sorgfalt erarbeitet. Wenn Sie trotzdem auf einen Fehler stoßen sollten (ich hoffe nicht), bitte ich Sie mir diesen auf gleichem Wege per E-Mail zu melden. Für jede Kritik oder Fehlermeldung lasse ich Ihnen ebenfalls die Übungsaufgaben zukommen.

Vielen Dank für Ihre Mithilfe

Einleitung und Anleitung – Wichtig: bitte unbedingt lesen!

Liebe Leser,
In berufsbegleitenden Weiterbildungen bleibt meist wenig Zeit zu lernen. Daher muss die verbleibende Lernzeit so wirkungsvoll wie möglich gestaltet werden. Dieses Buch zielt darauf ab, Ihnen das für die Prüfung im Fach Rechnungswesen benötigte Wissen so schnell und wirkungsvoll wie möglich zu vermitteln.

Die Lerntipps zu Beginn geben Ihnen einige einfache Methoden an die Hand um Ihre Lernleistung zu verbessern und dabei Ihre Lerngeschwindigkeit erheblich zu steigern.

Das Buch ist in einfacher Sprache verfasst. Das Leben ist schon kompliziert genug. Was man einfach ausdrücken kann, sollte man nicht komplizierter machen als es ist.

Die Themen sind mit Beispielen und in Einzelschritten erklärt. So können Sie die Lösung der Aufgaben Schritt für Schritt nachvollziehen und auf andere Übungsaufgaben übertragen.

Am Ende jeden Themas finden Sie Fragen zur Lernkontrolle. Bitte beantworten Sie diese Fragen schriftlich. Dies wird Ihnen helfen, sich das Gelernte einzuprägen.

Für die Prüfung besonders wichtige Themen sind mit dem Zeichen 💣 (=bombenwichtig) markiert. Lernen Sie diese sehr genau und Sie werden ca. zwei Drittel der Prüfung problemlos lösen können.

Wichtig ist, dass Sie das Gelernte aus diesem Buch an Aufgaben (z.B. aus Ihrem Unterricht) anwenden. Nur wenn Sie die Beispiele hier auf andere Übungen übertragen können, werden Sie in Ihrer Prüfung Erfolg haben.

Ich wünsche Ihnen viel Erfolg beim Lernen und in der Prüfung!

Manuel Nothacker Stuttgart, im Oktober 2015

Lerntipps – sieben erstaunlich einfache Regeln, die Ihre Lernleistung radikal steigern werden

1. **Stellen Sie Unterbrechungen konsequent ab:**
   Wenn Sie lernen, dann lernen Sie. Sorgen Sie dafür, dass Sie währenddessen nicht unterbrochen werden oder sich selbst unterbrechen. Unterbrechungen sind der größte Killer für Ihren Lernerfolg! Schalten Sie PC, Fernseher, Handy oder ähnliches für die Zeit des Lernens aus! Das ist kein Scherz! Wenn Sie Ihre Konzentration nicht zu 100% auf das Lernen richten, werden Sie Inhalte viel langsamer aufnehmen können. Sie essen jetzt nicht und kochen sich auch keinen Kaffee. Auch die E-Mails können jetzt nicht „schnell gecheckt" werden. Schaffen Sie es zu Hause nicht einen solchen Zustand herzustellen, gehen Sie doch in eine Bibliothek. Dort herrscht eine Atmosphäre der Ruhe und Konzentration, die es Ihnen gar nicht erlaubt auf andere Gedanken zu kommen.

2. **Legen Sie feste Lernzeiten fest:**
   Wenn Sie sich keine festen Termine machen um zu lernen, werden Sie es ständig verschieben. Tragen Sie diese Zeiten in Ihren Kalender ein und halten Sie sich daran, so wie Sie sich auch an Ihre Arbeitszeiten halten. Sie gehen jeden Tag zu Arbeit, oder? Warum sollten Sie also nicht auch täglich eine halbe Stunde oder mehrmals wöchentlich ein bis zwei Stunden zum Lernen einplanen können?

3. **Verstehen Sie zuerst die Strukturen:**
   Sie müssen zuerst den Gesamtzusammenhang verstehen um die einzelnen Teile richtig einordnen zu können. Wenn Sie die einzelnen Punkte in eine übergeordnete Struktur einordnen können, wird sich Ihre Lernzeit stark verkürzen und Ihr Verständnis erhöhen.

4. **Machen Sie sich Bilder:**
   Wenn Sie sich etwas merken müssen oder Zusammenhänge verstehen wollen helfen Ihnen Bilder oftmals mehr als geschriebene Worte. Eine kurze Skizze, die Ursache und Folge mit einem Pfeil darstellt oder eine Mind-Map (siehe: http://de.wikipedia.org/wiki/Mind-Map) hilft sehr dabei, das Thema schneller, besser und einprägsamer zu verstehen.

5. **Setzen Sie sich Lernziele:**
   Setzen Sie sich nie ohne ein bestimmtes Ziel an Ihre Lernunterlagen. Sie werden sonst nichts erreichen. Bestimmen Sie vorher, wie lange diese Lerneinheit gehen soll und was Sie erreichen möchten (z.B.: „Ich werde die Vorgehensweise beim einstufigen BAB verstehen"). Halten Sie sich das Ziel schriftlich auf einem Blatt fest. Haben Sie Ihr Ziel erreicht, können Sie es abhaken. So können Sie Ihre Fortschritte erkennen. Das bringt Bestätigung und damit auch Zufriedenheit. Sie bleiben motiviert.

6. **Machen Sie sich klar, warum Sie lernen:**
   Sie haben sich bewusst für diese Weiterbildung entschieden. Dies hatte Gründe. Mehr Geld, bessere berufliche Aussichten, Bestätigung vom Lebenspartner oder Vorgesetzten etc. Was auch immer es sein mag: Es gibt einen Grund. Wenn Sie sich diesen Grund klar machen, wird es Ihnen viel leichter fallen auch in etwas schwierigeren Zeiten auf die Zähne zu beißen.

7. **Belohnen Sie sich:**
   Haben Sie ein Thema verstanden und Ihre Ziele erreicht? Super! Gönnen Sie sich eine Kleinigkeit. Ein gutes Essen, ein neues Kleidungsstück, ein Glas Wein oder vielleicht ein entspannendes Bad. Bereiten Sie sich selbst eine kleine Freude und Sie werden sich das nächste Mal wieder viel besser motivieren können.

Lerninhalte

I. Rechnungswesen allgemein: Grundlagen und wichtige Begriffe

Was ist Rechnungswesen?

Rechnungswesen ist die Ermittlung und die Bereitstellung von Informationen über monetäre Größen in Unternehmen und die ihnen zugrunde liegenden mengenmäßigen Größen und Wertbewegungen.

Oder einfacher ausgedrückt: Das Rechnungswesen liefert Informationen darüber, wie viele Mittel[1] in einem Unternehmen stecken, woher die Mittel stammen und wofür die Mittel verwendet werden. Zudem zeigt es die im Unternehmen anfallenden Wertbewegungen an.

Bestandteile des Rechnungswesens

Rechnungswesen besteht aus den vier Hauptbereichen: Finanzbuchhaltung, Kosten- und Leistungsrechnung, Betriebswirtschaftliche Auswertungen und Planung.

Rechnungswesen
RW

Finanz-buchhaltung FiBu	Kosten- und Leistungsrechnung KLR	Betriebs-wirtschaftliche Auswertungen	Planung

[1] In Geld ausgedrückt

Die Bereiche haben verschiedene Funktionen:

1) **Finanzbuchhaltung**

- Für **externe** Adressaten bestimmt. Z.B.: Finanzamt, Gläubiger, Lieferanten
- Gesetzlich geregelt
- **Alle** im **gesamten Unternehmen** anfallenden Aufwendungen und Erträge werden erfasst
- Liefert das **Unternehmens**ergebnis

2) **Kosten – und Leistungsrechnung**

- Für **interne** Adressaten bestimmt (für Unternehmensleitung und Bereichsleiter)
- Zeigt wie wirtschaftlich der Betrieb ist
- Nur **betriebliche** Aufwendungen und Erträge werden erfasst (= **Kosten und Leistungen**)
- Liefert das **Betriebs**ergebnis

3) **Betriebswirtschaftliche Auswertung**

- Auswertung der in FiBu und KLR ermittelten Zahlen
- Bildung von Kennziffern zum Vergleich zwischen Geschäftsjahren, mit anderen Unternehmen und zwischen Bereichen im Unternehmen

4) **Planung**

- Vorausplanung
- Basis sind Daten aus FiBu und KLR

Grundsätze ordnungsgemäßer Buchführung (GoB)

In der Buchführung gelten einige Grundsätze. Diese sind teilweise als Gesetze festgehalten, teilweise haben sie sich einfach in der Praxis etabliert. Die wichtigsten sollten Sie in der Prüfung nennen können:

- **Grundsatz der Klarheit und Übersichtlichkeit**
  - Sachverständiger Dritter muss sich Überblick verschaffen können
  - Keine Verrechnung von Schulden und Vermögen
  - Stornobuchungen statt durchstreichen oder ausradieren von falschen Buchungen

- **Grundsatz der Richtigkeit und Willkürfreiheit**
  - Keine Veränderung von Geschehnissen
  - Wenn geschätzt werden muss, dann nachvollziehbar und objektiv
  - Alle Buchungen: Fortlaufend! Vollständig! Richtig! Zeitgerecht!

- **Grundsatz der Vollständigkeit:**
  - Alle Vermögenswerte, Schulden sowie alle Wertänderungen komplett erfassen

- **Grundsatz der Vorsicht**
  - Vermögen im Zweifel zu niedrigerem Wert ansetzen
  - Schulden im Zweifel zu höherem Wert ansetzen

- **Grundsatz der Kontinuität**
  - Bewertungsmethoden dürfen nicht geändert werden

- **Grundsatz der Abgrenzung**
  - Alle Erträge, Aufwendungen und weitere Geschäftsfälle den Jahren zuordnen, zu denen sie gehören

Buchführungspflichten nach Handels und Steuerrecht

Im Handels- und Steuerrecht ist festgehalten wer zur Buchführung verpflichtet ist:

Buchführungspflicht

nach Handelsrecht

§ 238 HGB (Handelsgesetzbuch):

- Jeder Kaufmann
- Kaufmann ist jedes Unternehmen, das einen in kaufmännischer Weise eingerichteten Geschäftsbetrieb erfordert. (z.B.: durch hohen Umsatz, Angestellte, viele Geschäftskontakte, großes Produktangebot etc.)

nach Steuerrecht

§ 141 AO (Abgabenordnung)

- Umsatz über ~~500.000~~,- € 600.000

  oder
- Gewinn über ~~50.000~~,-€ 60.000

Bewertungs- und Bilanzierungsgrundsätze[2]

Es sind einige gesetzliche Grundsätze für die Bewertung der einzelnen Posten in der Bilanz und für die Bilanzierung im Allgemeinen festgelegt. Diese sollten Sie in Ihrer Prüfung nennen können:

a) Bewertungsgrundsätze:

- Bilanzidentität → Schlussbilanz Vorjahr = Eröffnungsbilanz neues Jahr
- Fortführung → Es wird angenommen, dass der Betrieb weitergeführt wird
- Einzelbewertung → Bilanzpositionen werden nicht zusammengefasst[3]
- Stichtagsprinzip → Es gilt der Wert am Bilanzstichtag (meist 31. Dezember)
- Vorsichtsprinzip → Vermögen wird so niedrig wie möglich bewertet (Niederstwertprinzip), Schulden so hoch wie möglich (Höchstwertprinzip)
- Anschaffungskostenprinzip → Vermögen darf höchstens zu den Anschaffungskosten[4] bewertet werden
- Wertaufhellung → Alles zum Bilanzstichtag Bekannte muss berücksichtigt werden
- Abgrenzung → Alle Erträge und Aufwendungen müssen dem Jahr zugerechnet werden, in dem sie angefallen sind
- Imparitätsprinzip → Nicht realisierte Verluste müssen berücksichtigt werden
- Realisationsprinzip → Nicht realisierte Gewinne dürfen nicht berücksichtigt werden

---

[2] Im Gegensatz zu GoB oben speziell auf den Jahresabschluss bezogen

[3] Hier gibt es einige Ausnahmen, der Grundsatz kann aber genannt werden

[4] Oder Herstellungskosten bei selbst erstellten Gütern

b) Bilanzierungsgrundsätze:

- Bilanzklarheit → Klare Bezeichnung der Positionen
  → Klare inhaltliche Unterscheidung der Positionen

- Bilanzwahrheit → Vollständig
  → Richtige Gliederung
  → Einhaltung der obigen Bewertungsvorschriften

- Bilanzverknüpfung → siehe Bilanzidentität bei a) (Schlussbilanz = Eröffnungsbilanz)

Lernkontrolle:

[Bitte beantworten Sie die Fragen schriftlich. Lösungen finden Sie unter www.rewe-trainer.de]

1. Definieren sie den Begriff Rechnungswesen
2. Nennen Sie die vier Bereiche des Rechnungswesens
3. Nennen und beschreiben Sie die Grundsätze ordnungsgemäßer Buchführung
4. Wann müssen nach Handelsrecht Bücher geführt werden?
5. Wann müssen nach Steuerrecht Bücher geführt werden?
6. Nennen Sie mindestens fünf Bewertungsgrundsätze
7. Erläutern sie das Vorsichtsprinzip und den Grundsatz der Abgrenzung

II. Finanzbuchhaltung (=Buchführung = FiBu)

FiBu allgemein:

Adressaten:

Für wen sind die Informationen aus der Finanzbuchhaltung bestimmt?

FiBu liefert Infos für:

- interne Adressaten
  → Unternehmensleitung
  → Gesellschafter (z.B.: Aktionäre)

- externe Adressaten
  → Finanzamt
  → Geldgeber
  → Lieferanten
  → Kunden
  → Mitarbeiter
  → Medien
  → Gewerkschaften
  → Die Öffentlichkeit im Allgemeinen

Bereiche der Finanzbuchhaltung:

In welche Bereiche lässt sich die Finanzbuchhaltung aufteilen?

Die Hauptbereiche der FiBu sind **Bestandsrechnung** und **Erfolgsrechnung**

Bestandteile der FiBu

Bestandsrechnung	**Erfolgsrechnung**
↓	↓
Bilanz:	**Gewinn- und Verlustrechnung:**
• Alle **Bestände** werden ermittelt	• **Erfolg** (=Gewinn oder Verlust) wird ermittelt
• Zu einem bestimmten Stichtag	• Über das gesamte Geschäftsjahr
→ **Zeitpunkt**rechnung	→ **Zeitraum**rechnung

Aufgaben der Finanzbuchhaltung:

Was sind die Aufgaben der FiBu?

Die FiBu hat folgende Hauptaufgaben:

- **Darstellung** des Vermögens und der Schulden an einem bestimmten Zeitpunkt (Bilanz)
- **Ermittlung** des Erfolgs des gesamten Unternehmens (GuV)
- **Bereitstellung** von Daten für die anderen Bereiche des Rechnungswesens (KLR, Auswertungen und Planungsrechnung)

Von der Inventur über das Inventar zur Bilanz

Inventur:

In der Inventur werden alle Bestände an Vermögen und Schulden durch Messen, Zählen, Wiegen, Schätzen festgestellt und anschließend bewertet. In der Regel zum Ende jedes Geschäftsjahres.

Beispiel: Ein Lebensmittelladen zählt alle Artikel, wiegt Obst und Gemüse ab, erfasst die unbezahlten Rechnungen von Lieferanten (=Verbindlichkeiten) und von Kunden (=Forderungen). Das Ergebnis der Inventur ist das Inventar.

Inventar:

Das Inventar ist eine genaue Liste aller in der Inventur festgestellten Bestände an Vermögen und Schulden. Das Inventar ist in drei Bestandteile gegliedert: Vermögen, Schulden und Eigenkapital[5].

[5] Das Eigenkapital wird auch als Reinvermögen bezeichnet!

Beispielinventar		
A Vermögen		
I. Anlagevermögen		
Grundstücke u. Gebäude	(laut Liste)	2.500.000 €
Maschinen	(laut Liste)	1.500.000 €
Fuhrpark	(laut Liste)	120.000 €
Betriebs- u. Geschäftsausstattung	(laut Liste)	150.000 €
II. Umlaufvermögen	(laut Liste)	
Fertige u. unfertige Erzeugnisse	(laut Liste)	120.000 €
Roh- Hilfs- u. Betriebsstoffe	(laut Liste)	50.000 €
Bank	(laut Liste)	70.000 €
Kasse	(laut Liste)	25.000 €
Summe Vermögen		4.535.000 €
B Schulden		
Hypothekenschulden	(laut Liste)	1.700.000 €
Darlehen	(laut Liste)	700.000 €
Verbindlichkeiten L.L.	(laut Liste)	65.000 €
Summe Schulden		2.465.000 €
C Reinvermögen (=Eigenkapital)		
Summe Vermögen	4.535.000 €	
- Summe Schulden	2.465.000 €	
= Reinvermögen (Eigenkapital)		2.070.000 €

Das Reinvermögen (=Eigenkapital) wird ermittelt indem man die Schulden vom Vermögen abzieht. Es gilt also:

Vermögen – Schulden = Reinvermögen

Bilanz

Auf der Grundlage des Inventars wird die Bilanz erstellt. Das Wort Bilanz stammt aus dem italienischen (bilancia) und bedeutet **ausgeglichene Waage.** Genauso muss die Bilanz auch IMMER sein. Auf beiden Seiten AUSGEGLICHEN.

<u>Merke:</u>

Inventur	*führt zu*	**Inventar**	*führt zu*	**Bilanz**
(=Tätigkeit)		(=Liste)		(=Aufstellung in Form einer Waage)

Der Aufbau der Bilanz 💣

Aktiva, die linke Seite der Bilanz zeigt **WORIN** unsere Mittel **angelegt** sind. Das nennt sich Vermögen. Dabei unterscheidet man zwischen Anlagevermögen und Umlaufvermögen. Anlagevermögen sind alle Dinge die längerfristig im Unternehmen bleiben und nicht im täglichen Betrieb gehandelt werden. Das sind zum Beispiel:

- Grundstücke
- Gebäude
- Maschinen
- Fuhrpark (=PKW, LKW)

Als Umlaufvermögen werden dagegen die Dinge bezeichnet, die in unserem täglichen Betrieb in Bewegung sind. Also Beispielsweise:

- Lagerbestand an Vorräten, Rohstoffen etc.
- Unbezahlte Rechnungen unserer Kunden (=Forderungen)
- Guthaben auf unserem Bankgirokonto
- Bargeld in der Kasse

Passiva, die rechte Seite der Bilanz zeigt **WOHER** die Mittel **stammen.** Dabei ist es egal, ob die Mittel in Form von Geld oder Gegenständen (z.B. Maschinen oder Autos) oder anderen Werten (z.B. Rechten an Patenten) eingebracht wurden. Es wird lediglich unterschieden, **aus welchen Quellen** die Mittel stammen.

Hier steht rechts oben das **Eigenkapital**. So werden alle Mittel bezeichnet, die von den Eigentümern eingebracht wurden oder Ihnen zuzuschreiben sind. Also z.B.:

- Einlagen bei der Gründung
- Gewinne aus vorigen Geschäftsjahren

Darunter steht das **Fremdkapital** (=Verbindlichkeiten). So werden die Mittel bezeichnet, die nicht von den Eigentümern stammen, sondern von Anderen über eine gewisse Zeit „geliehen“ sind und irgendwann zurückgezahlt werden müssen. Also beispielsweise:

- Darlehen von der Bank (=langfristiger Kredit)
- Schulden aus unbezahlten Rechnungen an Lieferanten (=Verbindlichkeiten aus Lieferungen und Leistungen).

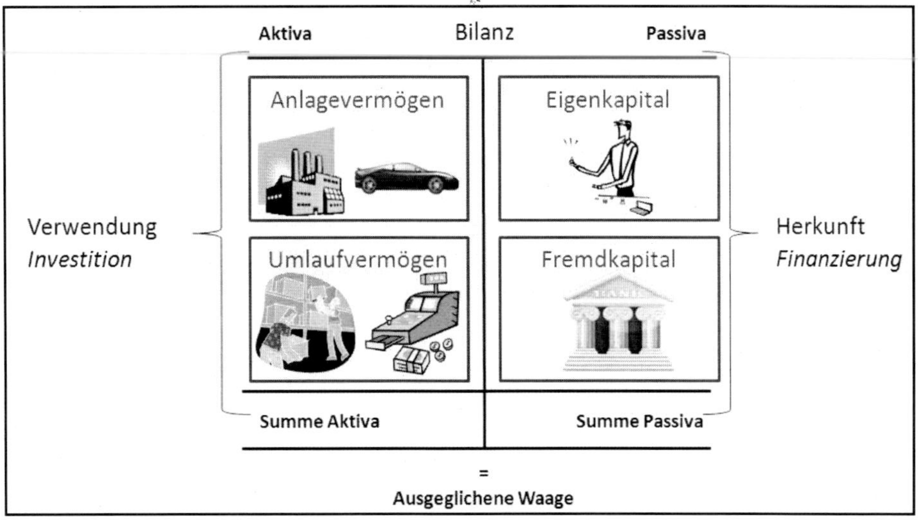

Logischerweise können auf der Aktivseite links immer nur genau so viele Mittel in Vermögen angelegt sein, wie rechts auf der Passivseite durch eigene oder fremde Quellen finanziert sind.

Merke:

Links = Aktiva = Mittelverwendung: Worin sind unsere Mittel angelegt? Anlage- und Umlaufvermögen

Rechts = Passiva = Mittelherkunft: Woher stammen unsere Mittel? Eigen- und Fremdkapital

Aktiva — Beispielbilanz — Passiva

Aktiva		Passiva	
I. Anlagevermögen		**I. Eigenkapital**	
Grundstücke und Gebäude	280.000	Eigenkapital	300.000
Maschinen	220.000		
Fuhrpark	150.000	**II. Fremdkapital**	
		Hypothekenschulden	400.000
II. Umlaufvermögen		Darlehensschulden	250.000
Roh-, Hilfs-, Betriebsstoffe (RHB)	120.000	Kurzfristige Verbindlichkeiten	50.000
Forderungen aus Lieferungen und Leistungen	130.000		
Bankguthaben	80.000		
Kasse	20.000		
	1.000.000		1.000.000

Wertbewegungen in der Bilanz

Die Bilanz zeigt den Stand des Vermögens und der Schulden zu einem **bestimmten Zeitpunkt** an. Im laufenden Betrieb fallen jedoch ständig Geschäftsfälle an, durch die sich die in der Bilanz aufgeführten Positionen verändern. Diese werden in der **Buchführung** erfasst. Dabei gibt es vier grundsätzliche Arten von Geschäftsfällen.

1. Aktivtausch:

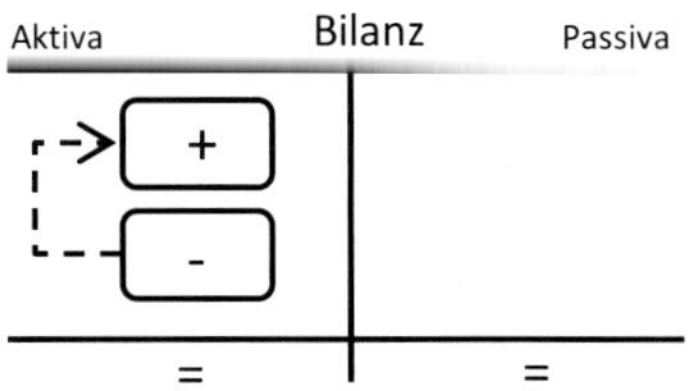

(+) Aktivposten nimmt zu & (-) Aktivposten nimmt ab

(=) Bilanzsumme bleibt gleich

Beispiel: Kauf eines PKW, Bezahlung durch Banküberweisung

(+) Fuhrpark (Aktiva) nimmt zu & (-) Bank (Aktiva) nimmt ab

2. Passivtausch:

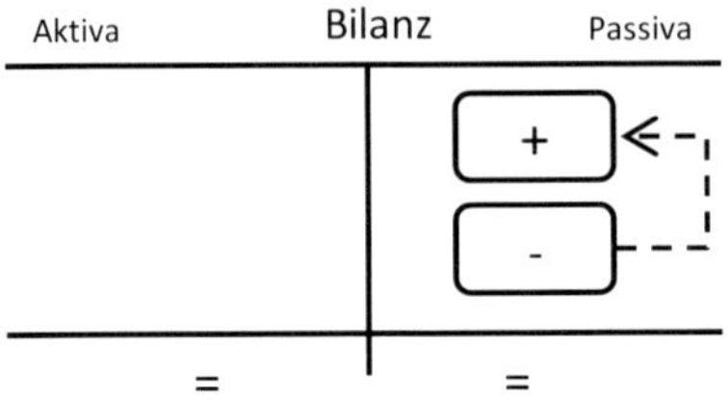

(+) Passivposten nimmt zu & (-) Passivposten nimmt ab

(=) Bilanzsumme bleibt gleich

Beispiel: Umwandlung einer kurzfristigen Lieferantenverbindlichkeit in ein langfristiges Darlehen

(+) Darlehen(Passiva) nimmt zu & *(-) Verbindlichkeiten aus Lieferungen u. Leistungen (Passiva) nehmen ab*

3. Bilanzverlängerung (Aktiv-Passiv-Mehrung)

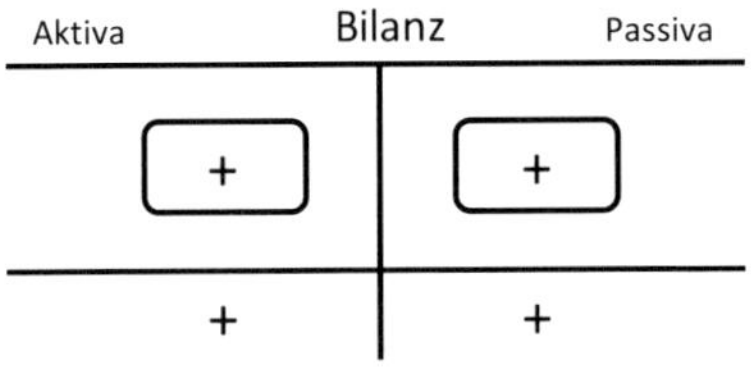

(+) Aktivposten nimmt zu & (+) Passivposten nimmt zu

(+) Bilanzsumme nimmt zu

Beispiel: Aufnahme eines Darlehens, Einzahlung auf das Bankkonto

(+) Bank (Aktiva) nimmt zu & (+) Darlehen (Passiva) nimmt zu

4. Bilanzverkürzung (Aktiv-Passiv-Minderung)

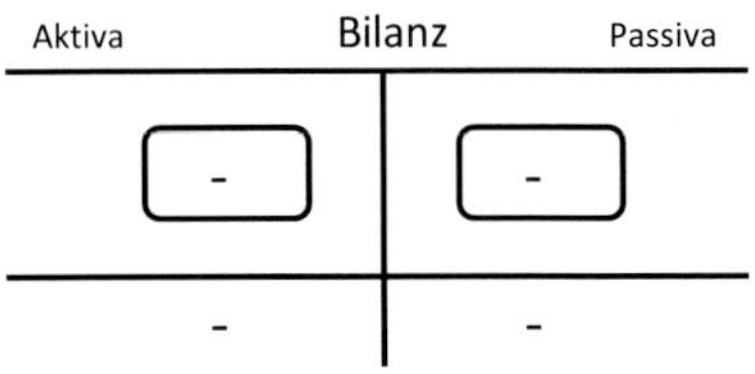

(-) Aktivposten nimmt ab & (-) Passivposten nimmt ab

(-) Bilanzsumme nimmt ab

Beispiel: Unternehmer entnimmt PKW aus Unternehmen für Privatgebrauch

(-) Fuhrpark (Aktiva) nimmt ab & (-) Eigenkapital (Passiva) nimmt ab

Bestandskonten

Damit nicht bei jedem Geschäftsfall eine komplett neue Bilanz erstellt werden muss, wird die Bilanz in sogenannte **Bestandskonten** aufgeteilt. Dort werden die Änderungen in den Bilanzpositionen durch die einzelnen Geschäftsfälle erfasst. Aktivkonten und Passivkonten haben verschiedene Eigenschaften, wie die nachfolgende Abbildung zeigt:

Eröffnungsbilanz

Aktiva		Passiva	
I. Anlagevermögen		**I. Eigenkapital**	
Grundstücke und Gebäude	250	Eigenkapital	300
Maschinen	150	**II. Fremdkapital**	
II. Umlaufvermögen		Darlehen	160
Bank	100	Verbindlichkeiten L.L.	40
	500		500

Aktivkonten → AB im Soll

Passivkonten → AB im Haben

Soll	Grundstücke u. Gebäude	Haben
AB	250	

Soll	Eigenkapital	Haben
	AB	300

Soll	Maschinen	Haben
AB	150	

Soll	Darlehen	Haben
	AB	160

Soll	Bank	Haben
AB	100	

Soll	Verbindlichkeiten L.L.	Haben
	AB	40

Aufbau der Konten

Soll	[Nr.] [Kontobezeichnung] Haben
(1) [Buchung X]	(3) [Buchung Z]
(2) [Buchung Y]	...
...	...
...	

Die linke Seite heißt >**Soll**<. Eintragungen hier nennt man Sollbuchung.

Die rechte Seite heißt **>Haben<**. Eintragungen hier nennt man Habenbuchung.

Die Bezeichnung der Konten erfolgt anhand der Bilanzposition. Zusätzlich ist im Kontenrahmen eine Nummer für jedes Konto festgelegt. Z.B.: **„0280 Bank"**

Aktiv und Passivkonten

Jeder Position der Bilanz ist ein Bestandskonto zugewiesen.

<u>Aktivkonto:</u>

Soll [Aktivkonto]	Haben
Anfangsbestand AB	(2) [Abgang]
(1) [Zugang]	(4) [Abgang]
(3) [Zugang]	Schlussbestand/Saldo SB

Konten auf der linken, Vermögensseite der Bilanz.

- Anfangsbestand im Soll, Zugänge im Soll
- Schlussbestand im Haben, Abgänge im Haben

<u>Passivkonto:</u>

Soll [Passivkonto]	Haben
(1) [Abgang]	Anfangsbestand AB
(2) [Abgang]	(3) [Zugang]
Schlussbestand/Saldo SB	(4) [Zugang]

Konten auf der rechten, Kapitalseite der Bilanz

- Anfangsbestand im Haben, Zugänge im Haben
- Schlussbestand im Soll, Abgänge im Soll

Buchungssätze

Buchungssätze zeigen die Wertverschiebungen zwischen den einzelnen Bilanzpositionen an. Diese werden durch Einträge in den Konten festgehalten.

Grundsätzlich gilt IMMER: Jeder Buchungssatz lautet **Soll an Haben**. **Auf beiden Seiten** wird **exakt der gleiche Betrag** verbucht (→ ausgeglichene Waage!)

Einfache Buchungssätze:

Beispiel 1: Wir heben 1.000,- € von unserem Bankkonto ab und zahlen das Geld in unsere Kasse ein.

Der Buchungssatz lautet:

Kasse ***(Soll)***	*an*	*Bank* ***(Haben)***	*1.000,-*

Die Einträge in den T-Konten sehen so aus:

Soll	Kasse	Haben
1.000		

Soll	Bank	Haben
		1.000

Die Kasse nimmt im Soll zu (da Aktivkonto), die Bank nimmt im Haben ab (da Aktivkonto)

Beispiel 2: Wir bezahlen Verbindlichkeiten (=offene Rechnung) an einen Lieferanten in Bar aus der Kasse in Höhe von 500,- €.

Der Buchungssatz lautet:

Verbindlichkeiten ***(Soll)***	*an*	*Kasse* ***(Haben)***	*500,-*

Die Einträge in den T-Konten sehen so aus:

Soll	Verbindlichkeiten	Haben
500		

Soll	Kasse	Haben
		500

Die Verbindlichkeiten nehmen im Soll ab (da Passivkonto), die Kasse nimmt im Haben ab (da Aktivkonto)

Zusammengesetzte Buchungssätze

Es ist möglich, dass in einem Geschäftsfall mehr als zwei Bilanzpositionen angesprochen werden. Auch dann gilt die Grundregel. **Summe Soll = Summe Haben.**

Beispiel: „Wir kaufen eine Maschine für 2.000,- € und bezahlen die Hälfte sofort per Überweisung, die andere Hälfte auf Rechnung."

Der Buchungssatz lautet:

Maschine (**Soll**)	2.000,-		
	an	Bank (**Haben**)	1.000,-
		Verbindlichkeiten L.L. (**Haben**)	1.000,-

Auf den T-Konten wird wie folgt gebucht:

Soll	Maschinen	Haben
2.000		

Soll	Bank	Haben
		1.000

Soll	Verbindlichkeiten	Haben
		1.000

Die Maschine nimmt im Soll um 2.000,- zu (da Aktivkonto).
Bank nimmt im Haben 1.000,- ab (da Aktivkonto).
Verbindlichkeiten nehmen im Haben um 1.000,- zu (da Passivkonto).

Erfolgskonten 💣

Um den Erfolg des Unternehmens - also ob Gewinn oder Verlust erzielt wird - zu ermitteln reichen die bisher behandelten Bestandskonten nicht aus. Auf ihnen können nur Verschiebungen der Werte zwischen den einzelnen Positionen der Bilanz erfasst werden. Buchungen auf Bestandskonten sind erfolgsneutral😐.

Zur Ermittlung des Gewinns (oder Verlusts) benutzt man sogenannte Erfolgskonten. Diese werden unterschieden in Aufwandskonten und Ertragskonten. Aufwendungen mindern den Erfolg☹. Erträge mehren den Erfolg☺. Alle Erfolgskonten werden auf das Gewinn- und Verlustkonto (GuV) abgeschlossen. Das GuV-Konto ist ein Sammelkonto für alle Aufwendungen und Erträge. Es wird auf das Konto Eigenkapital abgeschlossen. Bei Gewinn erhöht sich das Eigenkapital. Bei Verlust vermindert es sich.

Merke: Da **Erfolgskonten** jedes Jahr über das GuV-Konto abgeschlossen werden **haben** sie **keinen Anfangsbestand!**

Aufwendungen

- mindern den Erfolg ☹
- **Werteverzehr**
- werden **im Soll gebucht**
- werden durch Saldo im Haben auf das GuV-Konto abgeschlossen.
- Abschlussbuchungssatz lautet: *„GuV an Aufwandskonto"*
- Beispiele für Aufwandskonten: Mietaufwand, Zinsaufwand, RHB-Aufwand, Aufwendungen für Büromaterial etc.

Soll — Aufwandskonto ☹	Haben
[Aufwand 1] [Aufwand 2] [Aufwand 3] ...	**Saldo GuV**
[Summe]	[Summe]

Erträge

- mehren den Erfolg ☺
- **Wertezuwachs**
- werden **im Haben gebucht**
- werden durch Saldo im Soll auf das GuV-Konto abgeschlossen.
- Abschlussbuchungssatz lautet: *„Ertragskonto an GuV"*
- Beispiele für Ertragskonten: Umsatzerlöse (=Verkauf unserer Produkte), Mieterträge, Zinserträge etc.

Soll — Ertragskonto ☺	Haben
Saldo GuV	[Ertrag 1] [Ertrag 2] [Ertrag 3] ...
[Summe]	[Summe]

Gewinn und Verlustkonto (GuV)

- Sammelkonto für die Salden aller Aufwendungen und Erträge
- Aufwendungen im Soll, Erträge im Haben
- GuV-Konto wird auf das Konto Eigenkapital abgeschlossen
- Wenn Erträge >Aufwendungen → Saldo im Soll → Gewinn☺

  → Buchungssatz bei Gewinn: *GuV an Eigenkapital*
- Wenn Aufwendungen > Erträge → Saldo im Haben → Verlust☹

  → Buchungssatz bei Verlust: *Eigenkapital an GuV*

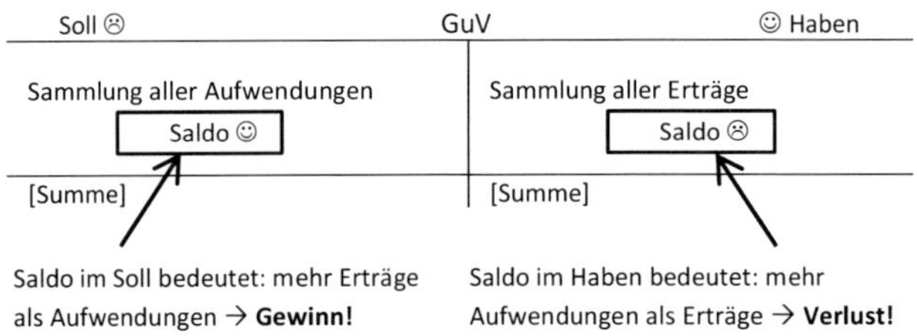

Gewinn erhöht das Eigenkapital im Haben, Verlust verringert das Eigenkapital im Soll. Das Eigenkapitalkonto ist ein Bestandskonto und wird mit dem Saldo im Soll auf die Schlussbilanz abgeschlossen.

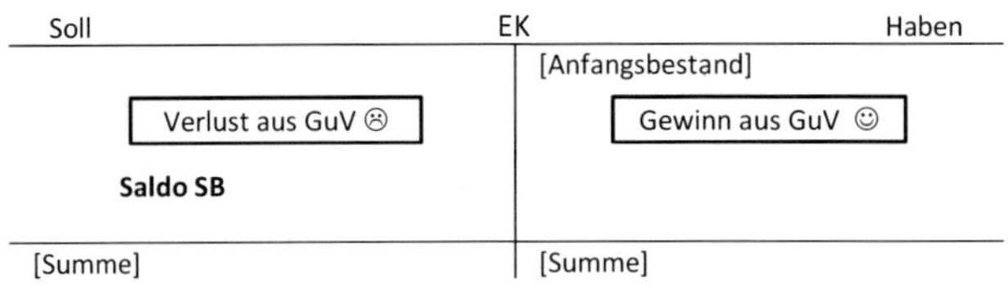

Beispiel:

Während eines Jahres fallen folgende Geschäftsfälle an:

(1) Wir bezahlen 20.000,- € Miete für unsere Produktionshalle per Banküberweisung.

(2) Wir erhalten 5.000,- € Zinsen für eine Finanzanlagen per Banküberweisung.

(3) Wir verkaufen Waren in Höhe von 30.000,- € auf Ziel.

(4) Materialentnahmeschein[6] über den Verbrauch von Hilfsstoffen im Wert von 7.000,- € in der Produktion.

Schritt 1: Buchungssätze und Eintrag auf T-Konten

Die Buchungen werden vorgenommen und auf den Konten eingetragen.[7]

(1) Mietaufwand	*an*	*Bank*	*20.000,-*
(2) Bank	*an*	*Zinserträge*	*5.000,-*
(3) Forderungen	*an*	*Umsatzerlöse*	*30.000,-*
(4) RHB-Aufwand	*an*	*RHB*	*7.000,-*

Soll	Mietaufwand		Haben
(1)	20.000		

Soll	Zinserträge		Haben
		(2)	5.000

Soll	RHB-Aufwand		Haben
(4)	7.000		

Soll	Umsatzerlöse		Haben
		(3)	30.000

Soll	Bank		Haben
AB	20.000	(1)	20.000
(2)	5.000		

Soll	Forderungen		Haben
AB	15.000		
(3)	30.000		

Soll	RHB		Haben
AB	10.000	(4)	7.000

[6] Materialentnahmescheine zeigen die Entnahme aus dem Lager für den Verbrauch in der Produktion an

[7] Die grauen Anfangsbestände sind frei erfunden. Sie haben keine Bedeutung für die Aufgabe.

Schritt 2: <u>Abschluss der Erfolgskonten</u>

Die Aufwandskonten und Ertragskonten werden saldiert und auf das Konto GuV abgeschlossen.

Buchungssätze:

GuV	*an*	*Mietaufwand*	*20.000,-*

Zinserträge	*an*	*GuV*	*5.000,-*

GuV	*an*	*RHB-Aufwand*	*7.000,-*

Umsatzerlöse	*an*	*GuV*	*30.000,-*

Mietaufwand

Soll		Haben	
(1)	20.000		
		Saldo GuV	**20.000**
	20.000		20.000

Zinserträge

Soll		Haben	
		(2)	5.000
Saldo GuV	**5.000**		
	5.000		5.000

RHB-Aufwand

Soll		Haben	
(4)	7.000		
		Saldo GuV	**7.000**
	7.000		7.000

Umsatzerlöse

Soll		Haben	
		(3)	30.000
Saldo GuV	**30.000**		
	30.000		30.000

GuV

Soll		Haben	
Mietaufwand	20.000	Zinserträge	5.000
RHB-Aufwand	7.000	Umsatzerlöse	30.000

Schritt 3: Das GuV-Konto wird auf das Konto Eigenkapital (EK) abgeschlossen

Buchungssatz:

GuV	*an*	*EK*	*8.000,-*

GuV

Soll		Haben	
Mietaufwand	20.000	Zinserträge	5.000
RHB-Aufwand	7.000	Umsatzerlöse	30.000
Saldo EK	**8.000**		
	35.000		35.000

EK

Soll		Haben	
		AB (Beispiel)	50.000
		Gewinn GuV	8.000

Schritt 4: Das Konto Eigenkapital wird auf die Schlussbilanz abgeschlossen.

Buchungssatz:

EK	*an*	*SB*	*58.000,-*

EK

Soll			
Saldo SB	**58.000**	AB (Beispiel)	
		Gewinn GuV	

Schlussbilanz SB

Soll		Haben	
		EK	58.000

Fazit: In diesem Fall wurde ein Gewinn von 8.000,- € erzielt. Da die gesamten Erträge(= 35.000,- €) um 8.000,- € höher sind als die gesamten Aufwendungen(=27.000,- €). Daher ergibt sich ein **Saldo** im Konto **GuV im Soll.** Durch die Abschlussbuchung „GuV an EK 8.000,-„ erhöht sich das EK im Haben um 8.000,- €. Der Anfangsbestand von 50.000,- € erhöht sich um den Gewinn auf den Schlussbestand von 58.000,- €. Dieser wird als neues EK am Jahresende in die Schlussbilanz gebucht.

Grundbegriffe: Beleg, Kontenrahmen, Kontenplan

Beleg:
ein Beleg ist die schriftliche Aufzeichnung eines Geschäftsfalls. Als Belege gelten z.B.: Quittungen, Rechnungen, Materialentnahmescheine, Schecks oder Bankkontoauszüge.
Bei der Verbuchung muss jeder Beleg in richtiger Reihenfolge nummeriert und mit einem Buchungsvermerk versehen werden. Der Beleg muss dem zu Grunde liegenden Geschäftsfall genau zuzuordnen sein.

Kontenrahmen:
In einem Kontenrahmen sind alle für die Buchführung benötigten Konten systematisch gegliedert. Die einzelnen Konten sind nach ihrer Art durchnummeriert. Der Kontenrahmen ist **auf ganze Branchen** zugeschnitten. Z.B.: Kontenrahmen für den Handel, Kontenrahmen für die Industrie etc.

Kontenplan:
Ein Kontenplan ist ein auf **ein einzelnes Unternehmen** zugeschnittener Kontenrahmen.

Der Jahresabschluss

Der Jahresabschluss eines Unternehmens hat folgende Bestandteile:

Jahresabschluss

Bilanz | **GuV** | **Anhang** | **Lagebericht**

a) **Bilanz**: Aufstellung von Vermögen und Kapital am Bilanzstichtag (Gliederung siehe Überschrift Bilanz)

b) **GuV**: Ermittlung des Erfolges eines Geschäftsjahres in Konto- oder Staffelform. Alle Erträge und Aufwendungen eines Geschäftsjahres werden gegenübergestellt (siehe Gewinn- und Verlustkonto bei Erfolgskonten)

c) **Anhang**: Nur bei bestimmten Unternehmen wie Kapitalgesellschaften und Genossenschaften Pflicht. Inhalt:
   1. Allgemeine Grundsätze der Bilanzierung, Bewertung und Währungsumrechnung
   2. Erläuternde, ergänzende und korrigierende Informationen zu Bilanz und GuV
   3. Sonstiges: Namen und Bezüge der Geschäftsführung und des Aufsichtsrats. Anzahl der Mitarbeiter

d) **Lagebericht**: Nur bei Kapitalgesellschaften ab bestimmter Größe Pflicht Inhalt:
   1. Beschreibung der aktuellen Situation
   2. Ausblick auf zukünftige Entwicklungen, Chancen und Risiken
   3. Die Zahlen aus Bilanz und GuV werden genauer erklärt

Lernkontrolle:

[Bitte beantworten Sie die Fragen schriftlich. Lösungen finden Sie unter www.rewe-trainer.de]

1. Wer sind die externen und internen Adressaten der Finanzbuchhaltung?
2. Zeigen Sie die Hauptunterschiede zwischen den beiden Bereichen der Finanzbuchhaltung GuV und Bilanz auf. Worin liegen die Hauptunterschiede?
3. Was sind die Hauptaufgaben der Finanzbuchhaltung?
4. Beschreiben Sie kurz die Begriffe: Inventur, Inventar und Bilanz
5. Kann die Aktivseite der Bilanz eine größere Summe aufweisen als die Passivseite?
6. Was stellt die Aktivseite der Bilanz dar? Was stellt die Passivseite der Bilanz dar?
7. Nennen Sie je zwei Beispiele für typisches Anlagevermögen und typisches Umlaufvermögen.
8. Beschreiben Sie die vier Arten von Wertbewegungen in der Bilanz

9. Ordnen Sie den folgenden Geschäftsfällen die Art der Wertbewegung zu:
   a) Kauf eines Autos auf Ziel
   b) Verkauf einer Maschine gegen Bargeld
   c) Umwandlung eines kurzfristigen Kredits in ein langfristiges Darlehen
   d) Rückzahlung einer Verbindlichkeit an einen Lieferanten per Banküberweisung
   e) Kauf von Waren, Bezahlung per Banküberweisung
   f) Entnahme eines Computers für den Privatgebrauch
   g) Umwandlung eines Darlehens in Eigenkapital
   h) Aufnahme eines Darlehens, Einzahlung des Betrags auf unser Bankkonto
10. Wo stehen Anfangsbestand, Mehrungen, Minderungen und Schlussbestände beim Aktivkonto, Wo beim Passivkonto?
11. Welche eiserne Regel gilt bei allen Buchungssätzen?
12. Wozu dienen Erfolgskonten?
13. Auf welches Konto werden Erfolgskonten abgeschlossen?
14. Auf welches Konto wird das GuV-Konto abgeschlossen?
15. Nennen sie je drei Beispiele für Ertragskonten und Aufwandskonten
16. Was bedeutet ein Saldo im Soll des GuV-Kontos? Wie wirkt sich ein solcher Saldo auf das Eigenkapital aus?

III. Kosten- und Leistungsrechnung (KLR)

KLR allgemein:

Ausrichtung:

Wie ist die KLR ausgerichtet? Wer sind die Adressaten?

- Die KLR ist nach innen gerichtet. Ihre Adressaten sind die Geschäftsleitung und die Verantwortlichen der einzelnen Bereiche des Unternehmens.

Aufgaben und Ziele:

Was sind die Aufgaben und Ziele der Kosten- und Leistungsrechnung?

Die KLR hat folgende Aufgaben und Ziele:

- Die Erfassung der Kosten und Einteilung nach Art der Kosten
- Die Zurechnung der Kosten auf Kostenstellen (=Abteilungen) und Kostenträger (=Produkte)
- Die Kontrolle der Wirtschaftlichkeit des gesamten Betriebs und einzelner Bereiche
- Die Kalkulation von Verkaufspreisen und Preisuntergrenzen
- Die Planung zukünftiger Kosten

Bestandteile der Kosten- und Leistungsrechnung

Die Kosten- und Leistungsrechnung gliedert sich in die Bereiche **Kostenartenrechnung, Kostenstellenrechnung** und **Kostenträgerrechnung**. Dazu kommen **Deckungsbeitragsrechnung** und **Plankostenrechnung**. Die Bereiche wenden verschiedene Kostenrechnungssysteme an.

Kostenarten- Kostenstellen- und Kostenträgerrechnung wenden die **Vollkostenrechnung** an. In der Vollkostenrechnung werden die Kosten **unabhängig ob es** sich um **fixe oder variable Kosten** handelt verrechnet.

In der **Plankostenrechnung (PKR)** werden im Voraus **geplante Kosten überprüft**. In der PKR gibt es verschiedene Vorgehensweisen. Die starre PKR ist eine **Vollkostenrechnung**. Die flexible PKR ist eine **Teilkostenrechnung**.

Die **Deckungsbeitragsrechnung** ist eine **Teilkostenrechnung**. Hier werden **fixe und variable Kosten getrennt** voneinander **verrechnet**.

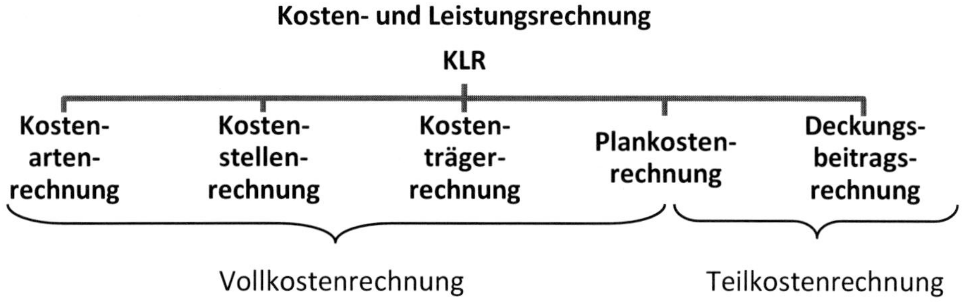

Unterschied zwischen FiBu und KLR: 💣

In der Finanzbuchhaltung (FiBu) werden **alle im Unternehmen anfallenden Geschäftsvorfälle** erfasst. Auf deren Grundlage wird das **Unternehmensergebnis** ermittelt. Hier sind **auch nichtbetriebliche** Aufwendungen (z.B. Spenden, Verluste aus Aktienspekulationen etc.) und nichtbetriebliche Erträge (z.B. Gewinne aus Aktienspekulationen etc.) enthalten. Weiter wird der Stand von Vermögen, Schulden und Eigenkapital festgestellt und in der Bilanz festgehalten. Die FiBu nennt man auch **Rechnungskreis 1**.

In der Kosten- und Leistungsrechnung (KLR) werden **nur betriebliche** Aufwendungen und Erträge erfasst. Also nur solche, die etwas mit dem **Kerngeschäft** des Unternehmens zu tun haben. Betriebliche Aufwendungen nennt man **Kosten**, betriebliche Erträge nennt man **Leistungen.** Die KLR nennt man auch **Rechnungskreis 2**.

In der Abgrenzungsrechnung werden neutrale (nichtbetriebliche) Aufwendungen und Erträge herausgefiltert. Kosten werden umbewertet (Anderskosten) und ergänzt (Zusatzkosten). Es wird das **Betriebsergebnis** ermittelt.

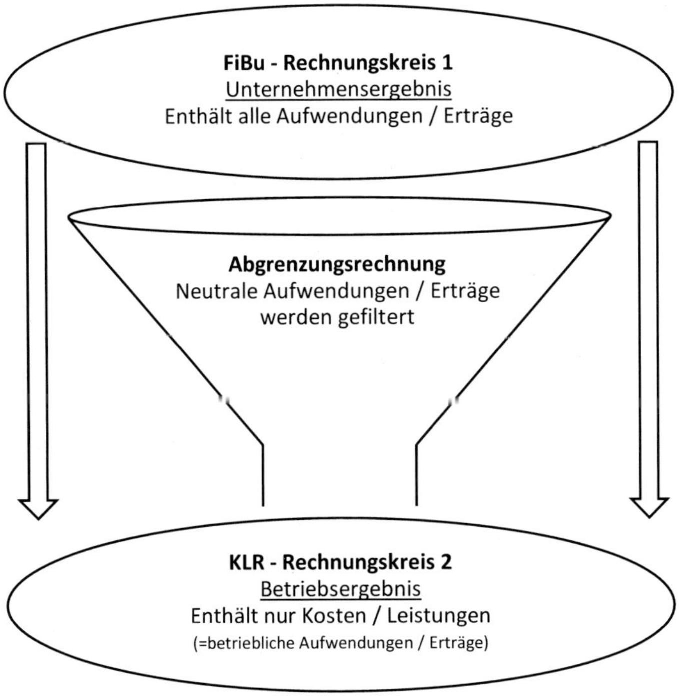

Abgrenzungsrechnung

Aufwendungen Finanzbuchhaltung			
Neutrale Aufwendungen	Betriebliche Aufwendungen	Betriebliche Aufwendungen	
	=	≠	
	Grundkosten	Anderskosten	Zusatzkosten
	Kosten KLR		

Anderskosten, z.B.:
- Kalkulatorische Abschreibungen
- Kalkulatorische Zinsen

Zusatzkosten, z.B.:
- Kalkulatorischer Unternehmerlohn
- Kalkulatorische Miete

Wichtige Begriffe, die unterschieden werden müssen:

Unterschied zwischen Aufwendungen und Kosten:

- **Aufwendungen** sind Werteverzehr für das **Unternehmen**. Senken den gesamten Unternehmensgewinn.
- **Kosten** sind Werteverzehr für den **Betrieb** (=Kerngeschäft). Senken Betriebsgewinn.

  - Aufwendungen, denen gar keine Kosten gegenüberstehen nennt man: neutrale Aufwendungen z.B.: Spenden
  - Aufwendungen, die Kosten in gleicher Höhe sind nennt man: **Grundkosten** z.B.: Verbrauch von Rohstoffen
  - Kosten, denen Aufwendungen in anderer Höhe gegenüberstehen nennt man: **Anderskosten** z.B.: Kalkulatorische Abschreibungen, kalkulatorische Zinsen
  - Kosten, denen gar keine Aufwendungen gegenüberstehen nennt man **Zusatzkosten** z.B.: kalkulatorischer Unternehmerlohn, kalkulatorische Miete

Unterschied zwischen Ertrag und Leistung:

- **Erträge** sind Wertezuwachs für das **Unternehmen**. Steigern Unternehmensgewinn
- **Leistungen** sind Wertezuwachs für den **Betrieb**. Steigern Betriebsgewinn

Kalkulatorische Kosten

Kalkulatorische Kosten werden nur in der Kosten- und Leistungsrechnung als Kosten verrechnet. In der Finanzbuchhaltung tauchen sie nicht oder in anderer Höhe auf. Grund: diese Kosten fallen nicht wirklich (oder in anderer Höhe) an, sie werden nur simuliert um das Betriebsergebnis unter realistischen Bedingungen darzustellen. Zu den kalkulatorischen Kosten zählen kalkulatorische Miete, kalkulatorische Abschreibungen, kalkulatorische Zinsen, kalkulatorischer Unternehmerlohn oder kalkulatorische Wagnisse.

Beispiele:

Kalkulatorische Miete:

Wir nutzen unser Privatwohnzimmer als Büro, zahlen aber keine Miete dafür. In der KLR kalkulieren wir nun eine marktübliche Miete für das Zimmer ein, um zu zeigen wie das Betriebsergebnis unter normalen Bedingungen (=keine mietfreies Büro) ist.

Kalkulatorischer Unternehmerlohn:

Wir sind der Inhaber der Firma, arbeiten jede Woche 40 Stunden i Unternehmen, zahlen uns jedoch kein Gehalt. Das Unternehmen mach laut Finanzbuchhaltung einen Gewinn von 60.000,- €. In der KLR rechne wir nun ein fiktives Geschäftsführergehalt von 80.000,- € ein. Somit kommen wir durch die Einberechnung der eigentlich kostenfrei zur Verfügung gestellten Arbeitsleistung auf einen Betriebsverlust von 20.000,- €.

Kalkulatorische Abschreibung:

Wir schreiben eine Maschine im Wert von 100.000,- € bilanziell nach der von der AfA-Tabelle vorgegebenen Laufzeit von 5 Jahren ab.

→ bilanzielle Abschreibung: $\frac{100.000.-€}{5\ J.} = 20.000,-€$ pro Jahr

Wir gehen aber davon aus, dass wir diese Maschine tatsächlich 10 Jahre nutzen können.

→ kalkulatorische Abschreibung: $\frac{100.000,-€}{10\ J.} = 10.000,-€$ pro Jahr

Lernkontrolle:

[Bitte beantworten Sie die Fragen schriftlich. Lösungen finden Sie unter www.rewe-trainer.de]

1. Wie ist die Kosten- und Leistungsrechnung ausgerichtet?
2. Wer sind die Adressaten der KLR?
3. Was sind die Aufgaben und Ziele der KLR?
4. Welche Bestandteile hat die KLR?
5. Was ist der Unterschied zwischen Vollkostenrechnung und Teilkostenrechnung
6. Wozu dient die Abgrenzungsrechnung?
7. Worin besteht der Unterschied zwischen Aufwendungen und Kosten?
8. Worin besteht der Unterschied zwischen Erträgen und Leistungen

Kostenartenrechnung

Die Kostenartenrechnung ist keine Rechnung im wörtlichen Sinne. Hier geht es um die Frage: **Welche Kosten sind entstanden?**

Dabei können die Kosten nach verschiedenen Kriterien unterschieden und gegliedert werden. Zum Beispiel:

- Nach Art des Verbrauchs: → Personalkosten, Materialkosten, Kapitalkosten, Raumkosten etc.
- Nach der betrieblichen Abteilung: → Materialkosten, Produktionskosten, Vertriebskosten etc.
- Nach der Abhängigkeit von der Beschäftigung: → Fixe Kosten, Variable Kosten (siehe unten)
- Nach der Zurechenbarkeit auf Kostenträger: → Einzelkosten, Gemeinkosten (siehe unten)

Die beiden letzten, unterstrichenen Unterscheidungsmerkmale sind sehr wichtig und werden im Folgenden genauer beschrieben:

a) Die Abhängigkeit von der Beschäftigung: fixe Kosten vs. variable Kosten

- **Fixe Kosten verändern sich nicht mit steigender Produktionsmenge**. Egal ob ein Stück oder 1.000 Stück produziert werden, die fixen Kosten bleiben immer gleich. Beispiele für fixe Kosten sind z.B. Mieten, Zinsen für Fremdkapital oder Gehälter von Angestellten in der Verwaltung. Fixe Kosten sind beschäftigungs**un**abhängig.

→ Die Gesamten Fixkosten sind immer gleich hoch, die fixen Stückkosten sinken mit steigender Produktionsmenge, da sie sich auf mehr Stück verteilen.

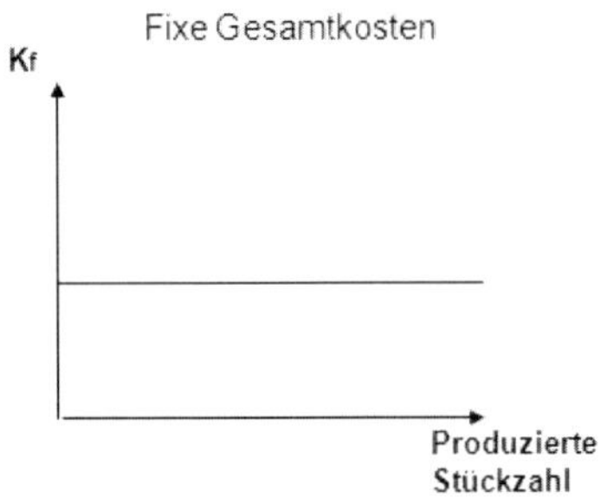

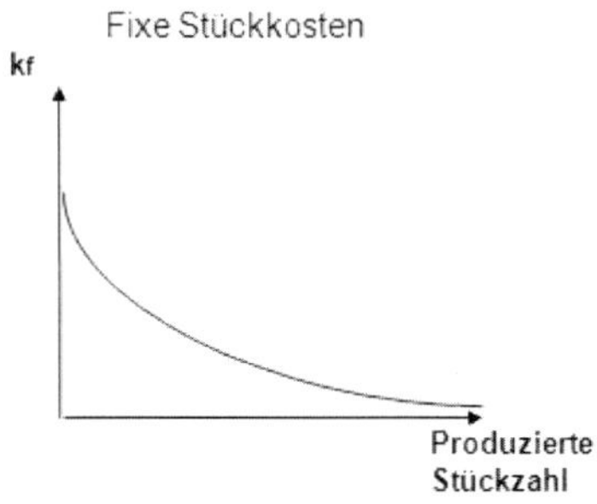

- **Variable Kosten** sind <u>beschäftigungs**abhängig**</u>. Sie **erhöhen sich proportional zu steigender Produktionsmenge** und sinken mit abnehmender Produktionsmenge. Wenn nichts produziert wird sind die variablen Kosten gleich Null. Beispiele für variable Kosten sind: Fertigungsmaterial oder Fertigungslöhne.

  → Die variablen Gesamtkosten steigen mit wachsender Produktionsmenge. Die variablen Kosten pro Stück bleiben immer konstant.

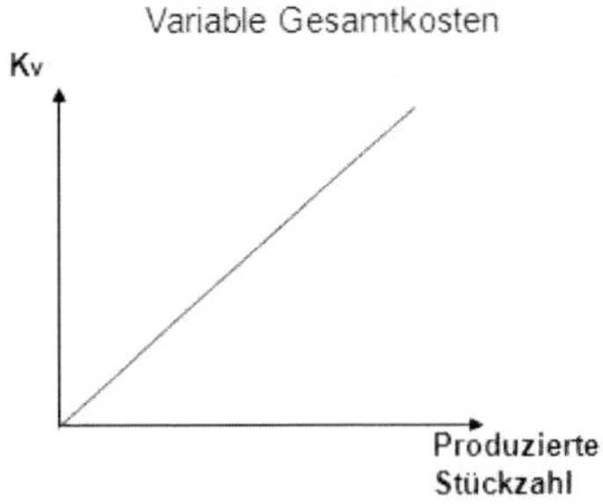

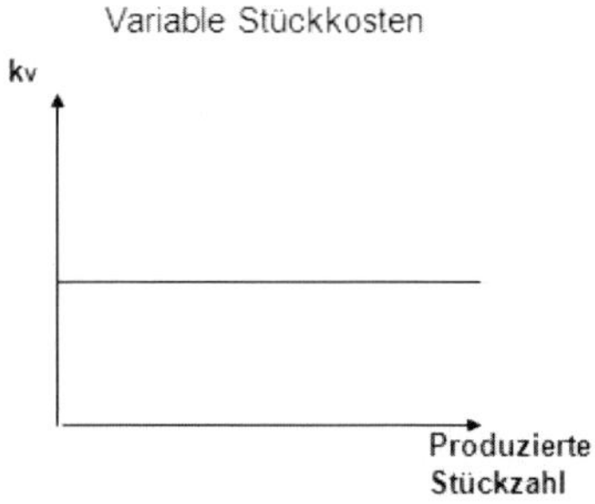

b) Die Zurechenbarkeit auf einen Kostenträger[8] (=Produkt): Einzelkosten vs. Gemeinkosten 💣

- **Einzelkosten** können **direkt** einem Kostenträger **zugerechnet** werden. Beispielsweise kann ein Unternehmen, das Kugelschreiber herstellt genau ermitteln, wie viel Materialkosten für das Gehäuse, die Mine etc. in einem Kugelschreiber stecken und wie viel Lohn eines Arbeiters in einem Kugelschreiber steckt. Typische Beispiele für Einzelkosten sind Fertigungsmaterial oder Fertigungslöhne.

- **Gemeinkosten** können **nicht direkt** einem Kostenträger **zugeordnet** werden. Es kann z.B. nicht genau ermittelt werden wie viel der Miete für das Verwaltungsgebäude in einem Kugelschreiber stecken. Beispiele hierfür sind Mieten oder die Gehälter der Geschäftsführung.

Lernkontrolle:

[Bitte beantworten Sie die Fragen schriftlich. Lösungen finden Sie unter www.rewe-trainer.de]

1. Welche Frage steht hinter der Kostenartenrechnung?
2. Worin unterscheiden sich fixe und variable Kosten?
3. Worin unterscheiden sich Einzelkosten und Gemeinkosten?

[8] Ein Kostenträger ist ein Produkt oder eine Dienstleistung

Kostenstellenrechnung - einstufiger und mehrstufiger BAB

Die Kostenstellenrechnung beschäftigt sich mit der Frage: **Wo sind die Kosten angefallen?** Eine **Kostenstelle ist** eine **Abteilung im Unternehmen**. In der Regel findet man in der Kostenstellenrechnung die **vier Hauptkostenstellen**:

- Material
- Fertigung
- Verwaltung
- Vertrieb

Zusätzlich gibt es Hilfskostenstellen, die nach einem bestimmten Verrechnungsschlüssel auf einige oder alle Hauptkostenstellen umgelegt werden müssen. Das Ziel ist es, die Kosten mit dem Verteilungsschlüssel möglichst verursachungsgerecht zuzuordnen. Beispiele für typische Verteilungsschlüssel:

- Kantine → Mitarbeiteranzahl pro Kostenstelle
- Reparaturabteilung → aufgewendete Reparaturstunden pro Kostenstelle
- Fuhrpark → gefahrene Kilometer pro Kostenstelle

Diese Zurechnung der Gemeinkosten auf die Kostenstellen erfolgt im Betriebsabrechnungsbogen (BAB). Wenn die Gemeinkosten nur auf die vier Hauptkostenstellen verteilt werden, spricht man vom einstufigen BAB. Gibt es zusätzliche Hilfskostenstellen, dann kommt der mehrstufige BAB zum Einsatz.

Eine weitere Rechnung die hier durchgeführt werden kann, ist die Ermittlung der Normalgemeinkosten und der Ist-Zuschlagssätze. Um die Normalgemeinkosten zu ermitteln werden die Normalgemeinkosten-Zuschlagssätze in Prozent auf die Einzelkosten angewandt. Zur Ermittlung der Ist-Zuschlagssätze berechnet man, wie viel Prozent die Ist-Gemeinkosten von den Einzelkosten ausmachen.

✋ nicht erschrecken! Das klingt jetzt sicher etwas kompliziert. Die folgenden Beispiele zeigen jedoch genau wie Schritt für Schritt vorgegangen wird:

a) <u>Anleitung zum Vorgehen beim einstufigen BAB:</u> 💣

Beispiel:

Wir erhalten folgende Angaben:

Einzelkosten:

- Fertigungsmaterial: 500.000,- €
- Fertigungslöhne: 200.000,- €

  - Berechnen Sie Materialgemeinkosten, Fertigungsgemeinkosten, Verwaltungsgemeinkosten und Vertriebsgemeinkosten
  - Berechnen Sie die Ist-Zuschlagssätze
  - Berechnen Sie die Normalgemeinkosten
  - Stellen Sie Über-bzw. Unterdeckungen fest

Gegeben ist der folgende Betriebsabrechnungsbogen (BAB):

Gemeinkosten		**Verteilungsschlüssel**	**Material**	**Fertigung**	**Verwaltung**	**Vertrieb**
Hilfslöhne	100.000	Stunden 300 : 500 : 50 :150				
Gehälter	250.000	Köpfe 1 : 11 : 6 : 7				
Miete	150.000	m^2 300 : 700 : 200 : 300				
Summe Gemeinkosten						
Zuschlagsbasis			FM	FL	HK	HK
IST-Zuschlagssatz						
Normal-Zuschlagssatz			18,00%	110,00%	4,00%	12,50%
Normal-Gemeinkosten						
Über/Unterdeckung (+/-)						

Hinweis: Die Schritte sind in der Lösungstabelle mit Ihrer Nr. vermerkt.

Schritt 1: Verteilung der Gemeinkosten auf die Kostenstellen anhand der Verteilungsschlüssel:

Rechnung: $\frac{\text{Gemeinkosten}}{\text{Summe Schlüssel}}$ * Schlüssel KSt

Beispiel für Hilfslöhne auf Material $\frac{100.000}{1.000}$ *300=30.000

[300+500+50+150]

Gemeinkosten		Verteilungsschlüssel	Material	Fertigung	Verwaltung	Vertrieb	Summen Schlüssel
Hilfslöhne	100.000	Stunden 300:500:50:150	(1) 30.000	50.000	5.000	15.000	1.000
Gehälter	250.000	Köpfe 1 : 11 : 6 : 7	10.000	110.000	60.000	70.000	25
Miete	150.000	m^2 300:700:200:300	30.000	70.000	20.000	30.000	1.500

Schritt 2: Ermittlung der Gemeinkosten aller Kostenstellen:

Rechnung: Summe aller zugeteilten Gemeinkosten einer Kostenstelle.

Beispiel für Material: 30.000 + 10.000 + 30.000 = 70.000

Summe Gemeinkosten	**500.000**		(2) **70.000**	**230.000**	**85.000**	**115.000**

Schritt 3: Ermittlung der Ist-Herstellkosten (HK):

Rechnung: Summe aller in der Produktion anfallenden Kosten.

Beispiel:

- Fertigungsmaterial[9] (FM)
- Materialgemeinkosten (MGK)
- Fertigungslöhne[10] (FL)
- Fertigungsgemeinkosten (FGK)

	FM	500.000
+	**MGK**	70.000
+	**FL**	200.000
+	**FGK**	230.000
=	**HK**	1.000.000

Zuschlagsbasis			FM	FL	HK	HK

(3)

Schritt 4: Ermittlung der Ist-Gemeinkosten Zuschlagssätze:

Ermittlung des prozentualen Anteils der Gemeinkosten an den jeweiligen Einzelkosten.

Rechnungen:

$$\frac{MGK}{FM} * 100 = MGKZ \text{ in } \%$$

$$\frac{FGK}{FL} * 100 = FGKZ \text{ in } \%$$

$$\frac{VwGK}{HK} * 100 = VwGKZ \text{ in } \%$$

$$\frac{VtGK}{HK} * 100 = VtGKZ \text{ in } \%$$

Beispiele

$$\frac{70.000}{500.000} * 100 = 14 \%$$

$$\frac{230.000}{200.000} * 100 = 115 \%$$

$$\frac{85.000}{1.000.000} * 100 = 8{,}5 \%$$

$$\frac{115.000}{1.000.000} * 100 = 11{,}5 \%$$

!Achtung: Die Zuschlagsbasis für die Verwaltungsgemeinkosten (VwGK) und Vertriebsgemeinkosten (VtGK) sind die Ist-Herstellkosten (Ist-HK)!

IST-Zuschlagssatz			14,00%	115,00%	8,50%	11,50%

(4)

[9] auch genannt Materialeinzelkosten (MEK)
[10] auch genannt Fertigungseinzelkosten (FEK)

Schritt 5: <u>Ermittlung der Normalgemeinkosten:</u>

Die Normalgemeinkostenzuschlagssätze werden auf die Einzelkosten angewendet.

Rechnungen:

$$\frac{\text{Normal-MGKZ*FM}}{100} = \text{Normal-MGK in EURO} \qquad \text{Beispiele} \quad \frac{18*500.000}{100} = 90.000$$

$$\frac{\text{Normal-FGKZ*FL}}{100} = \text{Normal-FGK in EURO} \qquad \frac{110*200.000}{100} = 220.000$$

Zwischenrechnung zur Ermittlung der Normal HKRP

FM	500.000
+ Normal-MGK	90.000
+ FL	200.000
+ Normal-FGK	220.000
= Normal-HK	1.010.000

$$\frac{\text{Normal-VwGKZ*Normal-HKRP}}{100} = \text{Normal-VwGK in EURO} \qquad \text{Beispiele} \quad \frac{4*1.010.000}{100} = 40.400$$

$$\frac{\text{Normal-VtGKZ*Normal-HKRP}}{100} = \text{Normal-VtGK in EURO} \qquad \frac{12{,}5*1.010.000}{100} = 126.250$$

!Achtung: Die Zuschlagsbasis für die Verwaltungsgemeinkosten (VwGK) und Vertriebsgemeinkosten (VtGK) sind die NORMAL-Herstellkosten (Normal-HK)!

Normal-Zuschlagssatz			18,00%	110,00%	4,00%	12,50%
Normal-Gemeinkosten	476.650	(5)	90.000	220.000	40.400	126.250

Schritt 6: Ermittlung der Kostenüberdeckungen bzw. Kostenunterdeckungen:

Vergleich von Ist-Gemeinkosten mit Normal-Gemeinkosten

- wenn Normal-GK > Ist-GK → Kostenüberdeckung → Weniger Kosten als ursprünglich geplant
- wenn Normal-GK < Ist-GK → Kostenunterdeckung → Mehr Kosten als ursprünglich geplant

Rechnung: Normal GK – IST = Überdeckung/ Unterdeckung

Beispiel: 90.000-70.000=20.000 (Überdeckung da positiv) f. Material

Gesamt:

Beispiel:
476.650
- 500.000
-23.350 Kostenunterdeckung

Über / Unterdeckung (+/-)	-23.350		20.000	-10.000	-44.600	11.250

Übersicht komplette Lösung:

Einstufiger BAB

FM: 500.000
FL: 200.000
IST-HK: 1.000.000
Normal-HK: 1.010.000

Gemeinkosten		Verteilungsschlüssel	Material	Fertigung	Verwaltung	Vertrieb	Summen Schlüssel
Hilfslöhne	100.000	Stunden 300:500:50:150	① 30.000	50.000	5.000	15.000	1.000
Gehälter	250.000	Köpfe 1 : 11 : 6 : 7	10.000	110.000	60.000	70.000	25
Miete	150.000	m^2 300:700:200:300	30.000	70.000	20.000	30.000	1.500
Summe Gemeinkosten	**500.000**		② **70.000**	**230.000**	**85.000**	**115.000**	
Zuschlagsbasis			FM	FL	HK	③ HK	
IST-Zuschlagssatz			④ 14,00%	115,00%	8,50%	11,50%	
Normal-Zuschlagssatz			18,00%	110,00%	4,00%	12,50%	
Normal-Gemeinkosten	476.650		⑤ 90.000	220.000	40.400	126.250	
Über / Unterdeckung (+/-)	-23.350		⑥ 20.000	-10.000	-44,600	11.250	

b) Anleitung zum Vorgehen beim mehrstufigen BAB:

Beispiel:

Wir erhalten folgende Angaben:

Einzelkosten:

- Fertigungsmaterial: 424.000,- €
- Fertigungslöhne 1: 100.000,- €
- Fertigungslöhne 2: 150.000,- €

- Verteilen Sie die Gemeinkosten auf die Hilfs- und Hauptkostenstellen
- Berechnen Sie Materialgemeinkosten, Fertigungsgemeinkosten, Verwaltungsgemeinkosten und Vertriebsgemeinkosten
- Berechnen Sie die Ist-Zuschlagssätze
- Berechnen Sie die Normalgemeinkosten
- Stellen Sie Über-bzw. Unterdeckungen fest

Gegeben ist der folgende mehrstufige Betriebsabrechnungsbogen (BAB):

		Verteilungsschlüssel			Fertigung				
Gemeinkosten		AH K : Mat : FH K : Fert 1 : Fert 2 : Vw : Vt	Allgemeine Hilfskostenstelle	Material	Fertigungs-hilfskostenstellen	Fertigung 1	Fertigung 2	Verwaltung	Vertrieb
Hilfslöhne	200.000	70 : 80 : 50 : 250 : 350 : 140 : 60							
Gehälter	150.000	1 : 4 : 6 : 7 : 9 : 14 : 9							
Miete	100.000	200 : 500 : 300 : 600 : 400 : 200 : 300							
Summen									
Umlage Allg. HilfsKst.		2 : 1 : 3 : 2 : 1 : 1							
Zwischensumme									
Umlage Fert. HilfsKst.		60 : 40							
Summe Gemeinkosten									
Zuschlagsbasis				FM		FL1	FL2	HK	HK
IST-Zuschlagssatz									
Normal-Zuschlagssatz				10,00%		131,00%	86,00%	7,00%	6,00%
Normal-Gemeinkosten									
Über / Unterdeckung (+/-)									

Schritt 1: Verteilung der Gemeinkosten auf die sieben Kostenstellen:

Grundlage für die Verteilung sind die gegebenen Verteilungsschlüssel

Rechnung: $\frac{\text{Gemeinkosten}}{\text{Summe Schlüssel}}$ *Schlüssel KSt

Beispiel für Hilfslöhne auf Allg. HK-Stelle: $\frac{200.000}{1.000}$ *70 = 14.000

[70+80+50+250+350+140+60]

		AHK : Mat : FHK : Fert1 : Fert2 : Vw : Vt			Fertigung			Verwaltung	Vertrieb	
Gemeinkosten		Verteilungsschlüssel	Allgemeine Hilfskostenstelle	Material	Fertigungs-hilfskostenstellen	Fertigung 1	Fertigung 2			Summen Schlüssel
Hilfslöhne	200.000	70 : 80 : 50 : 250 : 350 : 140 : 60	14.000	16.000	10.000	50.000	70.000	28.000	12.000	1.000
Gehälter	150.000	1 : 4 : 6 : 7 : 9 : 1(1)9	3.000	12.000	18.000	21.000	27.000	42.000	27.000	50
Miete	100.000	200 : 500 : 300 : 600 : 400 : 200 : 300	8.000	20.000	12.000	24.000	16.000	8.000	12.000	2.500

Schritt 2: Bildung von Zwischensummen aller Kostenstellen:

Summen aller bisher zugeteilten Gemeinkosten werden gebildet

Beispiel für Material: 16.000+12.000+20.000=48.000

Summen		(2)	25.000	48.000	40.000	95.000	113.000	78.000	51.000

Schritt 3: Verteilung der Allgemeinen Hilfskostenstelle nach Angaben des Verteilungsschlüssels:

Rechnung: $\frac{\text{Summe AHK}}{\text{Summe Schlüssel}}$ *Schlüssel KSt

Beispiel für Allgemeine HK auf Material: $\frac{25.000}{10}$ *2 = 5.000

Umlage Allg. HilfsKst.		2 : 1 : 3 : 2 : 1 : 1		5.000	2.500	7.500	5.000	2.500	2.500

Schritt 4: Zwischensummen aller Kostenstellen:

Beispiel für Material: 48.000 + 5.000 = 53.000

Zwischensumme			(4)	53.000	42.500	102.500	118.000	80.500	53.500

Schritt 5: Verteilung der Fertigungshilfskostenstelle nach Angaben des Verteilungsschlüssels:

Verteilung auf die beiden Fertigungshauptkostenstellen:

Rechnung: $\frac{\text{Summe FHK}}{\text{Summe Schlüssel}}$ *Schlüssel KSt

Beispiel für Fertigungs-HK auf Fertigung 1: $\frac{42.500}{100}$ *60 = 25.500

Umlage Fert. HilfsKst.		60 : 40			⑤ →	25.500	17.000		

Schritt 6: Summen aller Gemeinkosten:

Beispiel für Fertigung 1: 102.500+25.500=128.000

Summe Gemeinkosten	450.000			53.000	⑥	128.000	135.000	80.500	53.500

Schritt 7: Ermittlung der Ist-Herstellkosten (HK):

Rechnung: Summe aller in der Produktion anfallenden Kosten.

Das sind:

- Fertigungsmaterial (FM)
- Materialgemeinkosten (MGK)
- Fertigungslöhne 1 (FL 1)
- Fertigungsgemeinkosten 1 (FGK 1)
- Fertigungslöhne 2 (FL 2)
- Fertigungsgemeinkosten 2 (FGK 2)

Beispiel:

	FM	424.000
+	**MGK**	53.000
+	**FL 1**	100.000
+	**FGK 1**	128.000
+	**FL 2**	150.000
+	**FGK 2**	135.000
=	**HK**	990.000

Zuschlagsbasis				FM		FL 1	FL 2	HKRP ⑦	HKRP

Schritt 8: <u>Ermittlung der Ist-Gemeinkosten Zuschlagssätze:</u>

Ermittlung des prozentualen Anteils der Gemeinkosten an den jeweiligen Einzelkosten.

Rechnungen:		Beispiele	
	$\frac{\text{MGK}}{\text{FM}}$ *100 = MGKZ in %		$\frac{53.000}{424.000}$ *100 = 12,5 %
	$\frac{\text{FGK 1}}{\text{FL 1}}$ *100 = FGKZ1 in %		$\frac{128.000}{100.000}$ *100 = 128 %
	$\frac{\text{FGK 2}}{\text{FL 2}}$ *100 = FGKZ2 in %		$\frac{135.000}{150.000}$ *100 = 90 %
	$\frac{\text{VwGK}}{\text{HK}}$ *100 = VwGKZ in %		$\frac{80.500}{990.000}$ *100 = 8,13 %
	$\frac{\text{VtGK}}{\text{HK}}$ *100 = VtGKZ in %		$\frac{53.500}{990.000}$ *100 = 5,4 %

IST-Zuschlagssatz				(8) 12,50%		128%	90,00%	8,13%	5,40%

!Achtung: Die Zuschlagsbasis für die Verwaltungsgemeinkosten (VwGK) und Vertriebsgemeinkosten (VtGK) sind die <u>Ist</u>-Herstellkosten (Ist-HK)!

Schritt 9: Ermittlung der Normalgemeinkosten:

Die Normalgemeinkostenzuschlagssätze werden auf die Einzelkosten angewendet:

Rechnungen:

$$\frac{\text{Normal-MGKZ*FM}}{100} = \text{Normal-MGK in EURO} \qquad \text{Beispiele} \quad \frac{10*424.000}{100} = 42.400$$

$$\frac{\text{Normal-FGKZ1*FL1}}{100} = \text{Normal-FGK1 in EURO} \qquad \frac{131*100.000}{100} = 131.000$$

$$\frac{\text{Normal-FGKZ2*FL2}}{100} = \text{Normal-FGK2 in EURO} \qquad \frac{86*150.000}{100} = 129.000$$

Zwischenrechnung zur Ermittlung der Normal HKRP

FM	424.000
+ Normal-MGK	42.400
+ FL 1	100.000
+ Normal-FGK 1	131.000
+ FL 2	150.000
+ Normal-FGK 2	129.000
= Normal-HK	976.400

$$\frac{\text{Normal-VwGKZ*Normal-HK}}{100} = \text{Normal-VwGK in EURO} \qquad \text{Beispiele} \quad \frac{7*976.400}{100} = 68.348$$

$$\frac{\text{Normal-VtGKZ*Normal-HK}}{100} = \text{Normal-VtGK in EURO} \qquad \frac{6*976.400}{100} = 58.584$$

!Achtung: Die Zuschlagsbasis für die Verwaltungsgemeinkosten (VwGK) und Vertriebsgemeinkosten (VtGK) sind die Normal-Herstellkosten (Normal-HK)!

Normal-Zuschlagssatz				10,00%		131,00%	86,00%	7,00%	6,00%
Normal-Gemeinkosten	429.332			(9) 42.400		131.000	129.000	68.348	58.584

Schritt 10: **Ermittlung der Kostenüber- bzw. Kostenunterdeckungen:**

Vergleich von Ist-Gemeinkosten mit Normal-Gemeinkosten.

- wenn Normal-GK > Ist-GK → Kostenüberdeckung → Weniger Kosten als ursprünglich geplant
- wenn Normal-GK < Ist-GK → Kostenunterdeckung → Mehr Kosten als ursprünglich geplant

Rechnung: Normal GK – IST GK = Überdeckung/Unterdeckung

Beispiel f. Material: 42.400-53.000 = -10.600 (Unterdeckung da negativ)

Gesamt:

Rechnung:		Beispiel:	
	Summe Normal GK		429.332
-	Summe IST-GK	-	450.000
=	Gesamtüber-/unterdeckung	=	-20.668 Kostenunterdeckung

(10)

Über / Unterdeckung (+/-)	-20.668			-10.600		3.000	-6.000	-12.152	5.084

Übersicht komplette Lösung:

		AHK | Mat | FHK | Fert1 | Fert2 | Vw | Vt			Fertigung			Verwaltung	Vertrieb	
Gemeinkosten		Verteilungsschlüssel	Allgemeine Hilfskostenstelle	Material	Fertigungs-hilfskostenstelle	Fertigung 1	Fertigung 2			Summen Schlüssel
Hilfslöhne	200.000	70 :80 :50 :250 :350 :140 : 60	(1) 14.000	16.000	10.000	50.000	70.000	28.000	12.000	1.000
Gehälter	150.000	1 : 4 : 6 : 7 : 9 : 14 : 9	3.000	12.000	18.000	21.000	27.000	42.000	27.000	50
Miete	100.000	200 :500 :300 :600 :400 :200 :300	8.000	20.000	12.000	24.000	16.000	8.000	12.000	2.500
Summen			(2) **25.000**	**48.000**	**40.000**	**95.000**	**113.000**	**78.000**	**51.000**	
Umlage Allg. HilfsKst		2 : 1 : 3 : 2 : 1 : 1	(3)	5.000	2.500	7.500	5.000	2.500	2.500	10
Zwischensumme				(4) 53.000	42.500	102.500	118.000	80.500	53.500	
Umlage Fert. HilfsKst.		60 : 40			(5)	25.500	17.000			100
Summe Gemeinkosten	**450.000**			**53.000**	(6)	**128.000**	**135.000**	**80.500**	**53.500**	
Zuschlagsbasis				FM		FL 1	FL 2	HKRP (7)	HKRP	
IST-Zuschlagssatz				(8) 12,50%		128,00%	90,00%	8,13%	5,40%	
Normal-Zuschlagssatz				10,00%		131,00%	86,00%	7,00%	6,00%	
Normal-Gemeinkosten	429.332			(9) 42.400		131.000	129.000	68.348	58.584	
Über / Unterdeckung (+/-)	-20.668			(10) -10.600		3.000	-6.000	-12.152	5.084	

Lernkontrolle:

[Bitte beantworten Sie die Fragen schriftlich. Lösungen finden Sie unter www.rewe-trainer.de]

1. Welche Frage steht hinter der Kostenstellenrechnung?
2. Was ist eine Kostenstelle?
3. Wozu dienen Verteilungsschlüssel?
4. Was sind Ist-Zuschlagssätze?
5. Was sind Normal-Zuschlagssätze?
6. Was sagen Überdeckungen bzw. Unterdeckungen aus?

Kostenträgerrechnung – Zuschlagskalkulation

Die Frage, die hinter der Kostenträgerrechnung steht lautet: **Wofür sind die Kosten angefallen?** In der Zuschlagskalkulation werden mit den im BAB ermittelten Zuschlagssätzen die Gesamtkosten oder die Kosten einzelner Produkte kalkuliert. Dabei werden die Zuschlagssätze auf die Einzelkosten angewendet. Je nach Umfang der Kalkulation kann bis zu verschiedenen Stufen kalkuliert werden. Dabei wird immer nach dem gleichen Schema vorgegangen.

Es wird unterschieden ob die gesamten Selbstkosten einer Produktgruppe oder die Kosten für ein Stück berechnet werden.

Das Kalkulationsschema zur Ermittlung der Selbstkosten eines Industriebetriebs:

% von		Materialeinzelkosten/Fertigungsmaterial (MEK/FM)	*Materialkosten*
	+	Materialgemeinkosten (MGK)	
% von	+	Fertigungseinzelkosten/Fertigungslöhne (FEK/FL)	Fertigungskosten
	+	Fertigungsgemeinkosten (FGK)	
	+	Sondereinzelkosten der Fertigung (SEKF)	
	=	**Herstellkosten der Produktion (HKP)**	
	+	Bestandsminderung	wenn produzierte Menge ≠ verkaufte Menge müssen Bestandsveränderungen berücksichtigt werden
	-	Bestandsmehrung	
	=	**Herstellkosten des Umsatzes (HKU)**	
% von	+	Verwaltungsgemeinkosten (VwGK)	
	+	Vertriebsgemeinkkosten (VtGK)	
	+	Sondereinzelkosten des Vertriebs (SEKV)	
	=	**Selbstkosten**	

Begriff	Bedeutung und Ermittlung
Materialeinzelkosten bzw. Fertigungsmaterial (MEK/FM)	Bei der Herstellung verbrauchtes Material → gegeben als Betrag
Materialgemeinkosten (MGK)	Weitere Kosten der Materialabteilung z.B. Lagermiete → meist gegeben als % von MEK
Fertigungseinzelkosten bzw. Fertigungslöhne (FEK/FL)	Bei der Herstellung angefallene, direkt zurechenbare Löhne → gegeben als Betrag
Fertigungsgemeinkosten (FGK)	Weitere Kosten der Herstellung z.B. Miete für Produktionshalle → meist gegeben als % von FEK
Sondereinzelkosten der Fertigung (SEKF)	Besondere Fertigungskosten, speziell für diesen Auftrag z.B. für Spezialwerkzeuge → gegeben als Betrag
Herstellkosten der Produktion (HKP) bzw. Herstellkosten der Erzeugung (HKE)	Summe aller für die Herstellung angefallenen Kosten
Herstellkosten des Umsatzes (HKU)	Summe der für die verkauften Produkte angefallenen Kosten → HKP + Minderung - Mehrung
Verwaltungsgemeinkosten (VwGK)	In der Verwaltung angefallene Kosten → meist gegeben als % von HKU (manchmal auch % von HKP)
Vertriebsgemeinkosten (VtGK)	Im Vertrieb angefallene Kosten → gegeben als % von HKU
Sondereinzelkosten des Vertriebs (SEKV)	Besondere Vertriebskosten, speziell für diesen Auftrag z.B. für Spezialverpackung → gegeben als Betrag
Selbstkosten (SK)	**Summe** aller zur **Herstellung, Verwaltung und zum Vertrieb** anfallende **Kosten** → daher **Preisuntergrenze**

Werden die Selbstkosten nicht für ein Stück, sondern z.B. für eine komplette Produktgruppe berechnet, dann wendet man die Zuschlagssätze auf die gesamten Einzelkosten an.

Gibt es Unterschiede zwischen der verkauften Stückzahl und der produzierten Stückzahl, dann muss zwischen den Herstellkosten der Produktion (HKP) und den Herstellkosten des Umsatzes (HKU) unterschieden werden.

Kostenträgerzeitrechnung (Gesamte Selbstkosten)

Beispiel - Kalkulation der gesamten Selbstkosten (Kostenträgerzeitrechnung):

Wir erhalten folgende Angaben:

Die Firma „Toptoys GmbH" stellt Kinderspielzeug her. Es sollen die gesamten Selbstkosten für den Produktbereich Holzspielzeug in einem Jahr berechnet werden. Folgende Einzelkosten sind angefallen:

- Materialverbrauch : 200.000,- €
- Fertigungslöhne: 150.000,- €

Die Zuschlagssätze für die Gemeinkosten sind:

- Materialgemeinkostenzuschlagssatz: 8 %
- Fertigungsgemeinkostenzuschlagssatz: 95 %
- Verwaltungsgemeinkostenzuschlagssatz: 10 % von HKP
- Vertriebsgemeinkostenzuschlagssatz: 10 % von HKU

Die Umsatzerlöse betrugen: 800.000,- €

Außerdem erhalten wir Angaben über Lagerbestände von Fertigen und Unfertigen Erzeugnissen.

- Fertige Erzeugnisse:
  Anfangsbestand: 20.000,- € Schlussbestand: 12.000,- €
- Unfertige Erzeugnisse:
  Anfangsbestand: 30.000,- € Schlussbestand: 32.000,- €

Es sollen die **Selbstkosten** und das **Betriebsergebnis** ermittelt werden!

Schritt 1: <u>Berechnung der Materialgemeinkosten:</u>

Anwendung des Materialgemeinkostenzuschlagssatzes in % auf die Materialeinzelkosten.

Rechnung: MEK * $\frac{\text{MGKZ}}{100}$ = MGK in €   Beispiel: 200.000 * $\frac{8}{100}$ = 16.000,- €

Schritt 2: <u>Berechnung der Fertigungsgemeinkosten:</u>

Anwendung des Fertigungsgemeinkostenzuschlagssatzes in % auf die Fertigungseinzelkosten.

Rechnung: FEK * $\frac{\text{FGKZ}}{100}$ = FGK in €   Beispiel: 150.000 * $\frac{95}{100}$ = 142.500,- €

Schritt 3: <u>Berechnung der Herstellkosten der Produktion mit dem Kalkulationsschema:</u>

		EURO	%
% von	Fertigungsmaterial (FM)	200.000,00	
	+ Materialgemeinkosten (MGK)	16.000,00	8%
% von	+ Fertigungslöhne (FL)	150.000,00	
	+ Fertigungsgemeinkosten (FGK)	142.500,00	95%
	= **Herstellkosten der Produktion (HKP)**	**508.500,00**	

Schritt 4: <u>Berechnung der Bestandsveränderungen:</u>

Rechnung: Schlussbestand-Anfangsbestand

→ wenn positiv Bestandsmehrung

→ wenn negativ Bestandsminderung

Beispiel:

Fertige Erzeugnisse: 12.000 – 20.000 = -8.000 → Bestandsminderung

Unfertige Erzeugnisse: 32.000 – 30.000 = 2.000 → Bestandsmehrung

Schritt 5: Berechnung der Herstellkosten des Umsatzes mit dem Kalkulationsschema:

		EURO	%
% von	Fertigungsmaterial (FM)	200.000,00	
	+ Materialgemeinkosten (MGK)	16.000,00	8%
% von	+ Fertigungslöhne (FL)	150.000,00	
	+ Fertigungsgemeinkosten (FGK)	142.500,00	95%
	= Herstellkosten der Produktion (HKP)	**508.500,00**	
	+ Bestandsminderung	8.000,00	
	- Bestandsmehrung	2.000,00	
	= Herstellkosten des Umsatzes (HKU)	**514.500,00**	

Schritt 6: Berechnung der Verwaltungs- und Vertriebsgemeinkosten:

Rechnung:

$$\text{HKP} * \frac{\text{VwGKZ}}{100} = \text{VwGK in €}$$

$$\text{HKU} * \frac{\text{VtGKZ}}{100} = \text{VtGK in €}$$

Beispiel:

$$508.500 * \frac{10}{100} = 50.850,\text{- €}$$

$$514.500 * \frac{10}{100} = 51.450,\text{- €}$$

! Achtung: VwGK werden hier auf Basis von HKP berechnet, VtGK aber auf Basis von HKU!

Schritt 7: Berechnung der Selbstkosten mit dem Kalkulationsschema:

		EURO	%
% von	Fertigungsmaterial (FM)	200.000,00	
	+ Materialgemeinkosten (MGK)	16.000,00	8%
% von	Fertigungslöhne (FL)	150.000,00	
	+ Fertigungsgemeinkosten (FGK)	142.500,00	95%
	= **Herstellkosten der Produktion (HKP)**	**508.500,00**	
	+ Bestandsminderung	8.000,00	
% von	- Bestandsmehrung	2.000,00	
	= **Herstellkosten des Umsatzes (HKU)**	**514.500,00**	
	+ Verwaltungsgemeinkosten (VwGK)	50.850,00	10%
	+ Vertriebsgemeinkosten (VtGK)	51.450,00	10%
	= **Selbstkosten (SK)**	**616.800,00**	

→ Die gesamten Selbstkosten des Produktbereichs Holzspielzeug betragen 616.800,- €.

Schritt 8: Berechnung des Betriebsergebnisses:

Rechnung:

Umsatzerlöse – Selbstkosten = Betriebsergebnis

Beispiel:

800.000 – 616.800 = 183.200,- €

→ Der Produktbereich Holzspielzeug erzielt einen Gewinn von 183.200,- €

Lernkontrolle:

[Bitte beantworten Sie die Fragen schriftlich. Lösungen finden Sie unter www.rewe-trainer.de]

1. Welche grundsätzliche Frage steht hinter der Kostenträgerrechnung?

2. a) Kalkulieren Sie die gesamten Selbstkosten eine Industriebetriebs nach folgenden Angaben:

   - Fertigungsmaterial: 150.000,- €
   - Fertigungslöhne: 120.000,- €
   - Materialgemeinkostenzuschlagssatz: 10 %
   - Fertigungsgemeinkostenzuschlagssatz: 120 %
   - Verwaltungsgemeinkostenzuschlagssatz: 12 % von den Herstellkosten der Produktion
   - Vertriebsgemeinkostenzuschlag: 8 % von der Herstellkosten des Umsatzes

   - Bestandsminderung an Fertigen Erzeugnissen: 20.000,- €
   - Bestandsmehrung an Unfertigen Erzeugnissen: 12.000,- €

   b) Die Umsatzerlöse des Betriebs aus a) betrugen 598.440,- €. Ermitteln Sie das Betriebsergebnis.

Kostenträgerstückrechnung (Stückkalkulation) 💣

Im folgenden Beispiel werden die Selbstkosten für ein einzelnes Stück berechnet:

Beispiel – Stückkalkulation (Kostenträgerstückrechnung):

Wir erhalten folgende Angaben:

Die Firma „Waschomio GmbH" stellt Haushaltsgeräte her. Es sollen die Selbstkosten für eine Waschmaschine berechnet werden. Folgende Werte liegen vor:

- Materialeinzelkosten pro Stück: 100,- €
- Fertigungseinzelkosten pro Stück: 60,- €
- Sondereinzelkosten der Fertigung: 20,- €
- Sondereinzelkosten des Vertriebs: 10,- €
- Materialgemeinkostenzuschlagssatz: 10%
- Fertigungsgemeinkostenzuschlagssatz: 110%
- Verwaltungsgemeinkostenzuschlagssatz: 12%
- Vertriebsgemeinkostenzuschlagssatz: 8%

Schritt 1: Berechnung der Materialgemeinkosten:

Anwendung des Materialgemeinkostenzuschlagssatzes in % auf die Materialeinzelkosten.

Rechnung:	Beispiel:
$\text{MEK} * \frac{\text{MGKZ}}{100} = \text{MGK in €}$	$100 * \frac{10}{100} = 10,\text{- €}$

Schritt 2: <u>Berechnung der Fertigungsgemeinkosten:</u>

Rechnung: FEK * $\frac{FGKZ}{100}$ = FGK in € Beispiel: 60 * $\frac{110}{100}$ = 66,- €

Schritt 3: <u>Berechnung der Herstellkosten mit dem Kalkulationsschema:</u>

% von	MEK	100,00	
	+ MGK	10,00	10%
% von	+ FEK	60,00	
	+ FGK	66,00	110%
	+ SEKF	20,00	
	= **HK**	**256,00**	

Schritt 4: <u>Berechnung der Verwaltungs- und Vertriebsgemeinkosten:</u>

Rechnung: HK * $\frac{VwGKZ}{100}$ = VwGK in € Beispiel: 256 * $\frac{12}{100}$ = 30,72 €

HK * $\frac{VtGKZ}{100}$ = VtGK in € 256 * $\frac{8}{100}$ = 20,48 €

Schritt 5: <u>Berechnung der Selbstkosten mit dem Kalkulationsschema:</u>

% von	MEK	100,00	
	+ MGK	10,00	10%
% von	+ FEK	60,00	
	+ FGK	66,00	110%
	+ SEKF	20,00	
	= HK	256,00	
% von	+ VwGK	30,72	12%
	+ VtGK	20,48	8%
	+ SEKV	10,00	
	= **SK**	**317,20**	

→ Die <u>Selbstkosten</u> einer Waschmaschine betragen <u>317,20 €.</u>

Kalkulation des Verkaufspreises:

Nachdem die Selbstkosten ermittelt sind, muss unter Berücksichtigung dieser der Verkaufspreis des Produkts festgelegt werden. Man geht nach folgendem Schema vor:

% von	Selbstkosten
	+ Gewinn
	= Barverkaufspreis (Bar VKP)
	+ Kundenskonto
% von	+ Vertreterprovision
	= Zielverkaufspreis (Ziel VKP)
% von	+ Kundenrabatt
	= Nettoverkaufspreis (Netto VKP)
% von	Umsatzsteuer
	Bruttoverkaufspreis (Brutto VKP)

Begriff	Bedeutung und Ermittlung
Gewinn	Stückgewinn, den das Unternehmen mit dem Produkt erzielen möchte → gegeben in % von Selbstkosten
Kundenskonto	Skonto, den das Unternehmen bereit ist für schnelle Zahlung zu gewähren → gegeben in % von Ziel VKP **!Achtung Rückwärtskalkulation!**
Vertreterprovision	Provision, die an Vertreter gezahlt werden muss → gegeben in % von Ziel VKP **!Achtung Rückwärtskalkulation!**
Kundenrabatt	Rabatt, der dem Kunden höchstens gewährt wird → gegeben in % von Netto VKP **!Achtung Rückwärtskalkulation!**
Umsatzsteuer	Umsatzsteuer, die der Kunde bezahlen muss → 19% von Netto VKP

Rückwärtskalkulation:

Bei der Rückwärtskalkulation wird nicht von oben nach unten, sondern von unten nach oben gerechnet. Warum? Der Kunde soll den Rabatt, Kundenskonto etc. von seinem Endpreis aus berechnen. Bei Ermittlung von Kundenskonto und Vertreterprovision gilt:

Bar VKP ≙ 100% – x% Vertreterprovision – x% Kundenskonto

Bei Ermittlung von Kundenrabatt gilt:

Ziel VKP ≙100% – x% Kundenrabatt

Die Rechenweise lässt sich im folgenden Beispiel leicht nachvollziehen:

Beispiel - Kalkulation des Verkaufspreises:

Die Leuchtomio KG stellt Lampen her. Für ein neues Modell soll auf Basis der Selbstkosten der Bruttoverkaufspreis ermittelt werden. Wir erhalten folgende Angaben:

- Selbstkosten pro Stück: 40,- €
- Gewinn: 50 %
- Kundenskonto: 4%
- Vertreterprovision: 6%
- Kundenrabatt: 20%

Ermittelt werden soll der Bruttoverkaufspreis!

Schritt 1: Ermittlung des Gewinns und des Barverkaufspreis:

Rechnung: Gewinn = $\text{Selbstkosten} * \frac{\text{Gewinn in \%}}{100}$ Beispiel: $40 * \frac{50}{100} = 20,-$ €

	Selbstkosten	40,00
+	Gewinn	20,00
=	Barverkaufspreis (Bar VKP)	60,00

Schritt 2: <u>Ermittlung des Kundenskontos, der Vertreterprovision und des Zielverkaufspreis:</u>

Kundenskonto in der Rückwärtskalkulation

Rechnung:

$$\text{Kundenskonto} = \text{BarVKP} * \frac{\text{Kundenskonto in \%}}{(100 - \text{Kundenskonto in \%} - \text{Vertreterprovision in \%})}$$

Beispiel:

$$60 * \frac{4}{90} = 2{,}67\ €$$

(100 – 4 – 6)

Vertreterprovision in der Rückwärtskalkulation

Rechnung:

$$\text{Vertreterprovision} = \text{Bar VKP} * \frac{\text{Vertreterprovision in \%}}{(100 - \text{Kundenskonto in \%} - \text{Vertreterprovision in \%})}$$

Beispiel:

$$60 * \frac{6}{90} = 4{,}00\ €$$

(100 – 4 – 6)

Barverkaufspreis (Bar VKP)	60,00
+ Kundenskonto	2,67
+ Vertreterprovision	4,00
= Zielverkaufspreis (Ziel VKP)	66,67

Schritt 3: Ermittlung des Kundenrabatts und des Nettoverkaufspreis:

Kundenrabatt in der Rückwärtskalkulation

Rechnung: $\text{Kundenrabatt} = \text{Ziel VKP} * \frac{\text{Kundenrabatt in \%}}{100-\text{Kundenrabatt in \%}}$

Beispiel: $66{,}67 * \frac{20}{80} = 16{,}67\ €$

(100 - 20) → 80

Zielverkaufspreis (Ziel VKP)	66,67
+ Kundenrabatt	16,67
= Nettoverkaufspreis (Netto VKP)	83,33

Schritt 4: Ermittlung der Umsatzsteuer und des Bruttoverkaufspreis:

Rechnung: $\text{Umsatzsteuer} = \text{Netto VKP} * \frac{19}{100}$ Beispiel: $83{,}33 * \frac{19}{100} = 15{,}83,-\ €$

Nettoverkaufspreis (Netto VKP)	83,33
+ Umsatzsteuer	15,83
= Bruttoverkaufspreis (Brutto VKP)	99,16

Gesamtüberblick:

		EURO	
% von	Selbstkosten	40,00	
	+ Gewinn	20,00	50%
	Barverkaufspreis (Bar VKP)	60,00	
	+ Kundenskonto	2,67	4%
% von	+ Vertreterprovision	4,00	6%
	= Zielverkaufspreis (Ziel VKP)	66,67	
% von	+ Kundenrabatt	16,67	20%
	= Nettoverkaufspreis (Netto VKP)	83,33	
% von	+ Umsatzsteuer	15,83	19%
	= Bruttoverkaufspreis (Brutto VKP)	99,16	

Lernkontrolle:

[Bitte beantworten Sie die Fragen schriftlich. Lösungen finden Sie unter www.rewe-trainer.de]

1. a) Kalkulieren Sie die Selbstkosten eines Produkts nach folgenden Angaben:

- Fertigungsmaterial: 50,- €
- Fertigungslöhne: 15,- €
- Sondereinzelkosten der Fertigung: 10,- €
- Sondereinzelkosten des Vertriebs: 5,- €
- Materialgemeinkostenzuschlagssatz: 15 %
- Fertigungsgemeinkostenzuschlagssatz: 105 %
- Verwaltungsgemeinkostenzuschlagssatz: 10 %
- Vertriebsgemeinkostenzuschlag: 6 %

b) Die Selbstkosten eines anderen Produkts betragen 70,- €
Berechnen Sie den Nettoverkaufspreis. Folgendes soll einkalkuliert werden:

- Gewinn: 30 %
- Kundenskonto: 5 %
- Vertreterprovision: 7 %
- Kundenrabatt: 25 %

Zuschlagskalkulation in Handelsunternehmen:

Handelsunternehmen produzieren nicht sondern kaufen ein und verkaufen mit einem Aufschlag. Daher unterscheidet sich das Kalkulationsschema im Handel von dem in der Industrie. Folgende Abbildung zeigt das Kalkulationsschema im Handel. Die Vorgehensweise ist gleich wie oben.

% von	Listeneinkaufspreis netto (LEP)
	- Liefererrabatt
% von	= Zieleinkaufspreis (ZEP)
	- Liefererskonto
	= Bareinkaufspreis (BEP)
	+ Bezugskosten
% von	= Bezugspreis/Einstandspreis (BP)
	+ Handlungskosten
% von	= Selbstkostenpreis (SKP)
	+ Gewinn
	= Barverkaufspreis (Bar VKP)
	+ Kundenskonto
% von	+ Vertreterprovision
	= Zielverkaufspreis (Ziel VKP)
% von	+ Kundenrabatt
% von	= Nettoverkaufspreis (Netto VKP)
	+ Umsatzsteuer
	= Bruttoverkaufspreis (Brutto VKP)

Bei einer Kalkulation im Handel kann zusätzlich nach Handelsspanne, Kalkulationsfaktor und Kalkulationszuschlagssatz gefragt werden. Die Formeln finden Sie auch in Ihrer Formelsammlung. Sie lauten:

$$\text{Handelsspanne} = \frac{\text{Nettoverkaufspreis} - \text{Bezugspreis}}{\text{Nettoverkaufspreis}}$$

$$\text{Kalkulationsfaktor} = \frac{\text{Nettoverkaufspreis}}{\text{Bezugspreis}}$$

$$\text{Kalkulationszuschlagssatz} = \frac{\text{Nettoverkaufspreis} - \text{Bezugspreis}}{\text{Bezugspreis}}$$

Beispiel - Kalkulation im Handel (Berechnungen wie oben):

Ein Großhändler kauft und verkauft Möbel. Wir erhalten folgende Angaben zur Preiskalkulation eines Stuhls:

- Listeneinkaufspreis (netto): 100,- €
- Lieferantenrabatt: 20 %
- Lieferantenskonto: 2 %
- Bezugskosten: 10,- €
- Handlungskosten: 10 % des Bezugspreises
- Gewinnaufschlag: 50 %
- Kundenskonto: 2 %
- Vertreterprovision: 5 %
- Kundenrabatt: 10 %

Ermittelt werden sollen der **Nettoverkaufspreis** und die **Handelsspanne**

Schritt 1: Kalkulation des Nettoverkaufspreis:

Handelskalkulation

% von		Listeneinkaufspreis (LEP)	100,00	
	-	Lieferrabatt	20,00	20%
% von	=	Zieleinkaufspreis (ZEP)	80,00	
	-	Liefererskonto	1,60	2%
	=	Bareinkaufspreis (BEP)	78,40	
	+	Bezugskosten	10,00	
% von	=	Bezugspreis/Einstandspreis (BP)	88,40	
	+	Handlungskosten	8,84	10%
% von	=	Selbstkostenpreis (SKP)	97,24	
	+	Gewinn	48,62	50%
	=	Barverkaufspreis (Bar VKP)	145,86	
	+	Kundenskonto	3,14	2%
% von	+	Vertreterprovision	7,84	5%
	=	Zielverkaufspreis (Ziel VKP)	156,84	
% von	+	Kundenrabatt	17,43	10%
	=	Nettoverkaufspreis (Netto VKP)	174,27	

Schritt 2: <u>Berechnung der Handelsspanne:</u>

Berechnung:

$$\frac{\text{Nettoverkaufspreis} - \text{Bezugspreis} * 100}{\text{Nettoverkaufspreis}} = \text{Handelsspanne in } \%$$

Beispiel:

$$\frac{174{,}27 - 88{,}40 * 100}{174{,}27} = 49{,}27\ \%$$

Lernkontrolle:

[Bitte beantworten Sie die Fragen schriftlich. Lösungen finden Sie unter www.rewe-trainer.de]

1. Ein Großhändler kauft und verkauft ein Produkt. Es soll der Nettoverkaufspreis und die Handelsspanne ermittelt werden.

    - Listeneinkaufspreis (netto): 60,- €
    - Lieferantenrabatt: 30 %
    - Lieferantenskonto: 4 %
    - Bezugskosten: 12,- €
    - Handlungskosten: 15 % des Bezugspreises
    - Gewinnaufschlag: 60 %
    - Kundenskonto: 3 %
    - Vertreterprovision: 7 %
    - Kundenrabatt: 12 %

Zuschlagskalkulation mit Maschinenstundensatz

In Unternehmen mit einem hohen Anteil an Maschinenkosten werden diese oft getrennt von den anderen Gemeinkosten betrachtet. Es wird ermittelt, wie viel eine Stunde Maschinenlaufzeit kostet. Dazu ermittelt man die jährlichen Maschinenkosten und teilt diese dann durch die jährliche Laufzeit.

Die Fertigungsgemeinkosten nennt man nun:

- **Restfertigungsgemeinkosten** (→ Ermittlung in % von FEK).

Die von der Maschine verursachten Kosten heißen:

- **Maschinenkosten** (→ Ermittlung: Maschinenstundensatz * Maschinenlaufzeit des Produkts)

Das Kalkulationsschema mit Maschinenstundensatz sieht folgendermaßen aus:

% von →	Materialeinzelkosten/Fertigungsmaterial (MEK/FM)
	+ Materialgemeinkosten (MGK)
% von →	+ Fertigungseinzelkosten/Fertigungslöhne (FEK/FL)
	+ **Restfertigungsgemeinkosten (RFGK)**
	+ **Maschinenkosten**
	+ Sondereinzelkosten der Fertigung (SEKF)
% von →	= Herstellkosten der Rechnungsperiode (HKRP)
	+ Bestandsminderung
	- Bestandsmehrung
% von →	= Herstellkosten des Umsatzes (HKU)
	+ Verwaltungsgemeinkosten (VwGK)
	+ Vertriebsgemeinkosten (VtGK)
	+ Sondereinzelkosten des Vertriebs (SEKV)
	= Selbstkosten

Die Maschinenkosten bestehen aus folgenden Bestandteilen[11]

Kosten	Ermittlung
Kalkulatorische Abschreibung (Kalk. AfA)	$\frac{\text{Wiederbeschaffungswert}}{\text{Nutzungsdauer}}$
Kalkulatorische Zinsen	$\frac{\text{Anschaffungswert} * \text{Zinssatz}}{2 * 100}$
Instandhaltungskosten	Meist als Festbetrag gegeben, sonst: $\frac{\text{Anschaffungswert} * \text{Instandhaltungssatz}}{100}$
Raumkosten	Meist: Raumbedarf * Verrechnungssatz/qm/Monat * 12 Monate
Energiekosten	Energieverbrauch/Stunde * EUR/kwh * Laufleistung p.a. + Grundgebühr
Werkzeugkosten	Meist als Festbetrag gegeben

Um den **Maschinenstundensatz** zu errechnen teilt man die Summe aller Kosten pro Jahr durch die jährliche Laufzeit der Maschine in Stunden.
Die **Maschinenkosten** pro Stück errechnet man indem der Maschinenstundensatz mit der Laufzeit pro Stück malgenommen wird.

[11] Teilweise müssen die Bestandteile und die genaue Berechnung aus der Aufgabe entnommen werden

Beispiel - Kalkulation mit Maschinenstundensatz:

Die Herstellkosten eines Produkts sollen ermittelt werden. Hierzu erhalten wir folgende Angaben:

- Fertigungsmaterial: 20,- €
- Materialgemeinkostenzuschlag: 25 %
- Fertigungslöhne: 30,- €
- Restfertigungsgemeinkostenzuschlag: 40 %
- Laufzeit des Produkts auf Maschine X: 2 Stunden

Zur Maschine X folgende Angaben:

- Anschaffungskosten in EURO:	200.000,00
- Wiederbeschaffungskosten in EURO:	220.000,00
- Nuzungsdauer:	10 Jahre
- kalkulatorische Abschreibung:	linear
- kalkulatorische Zinsen:	5% vom halben Anschaffungswert
- Instandhaltungskosten:	2% p.a.
- Raumkosten:	
- Raumbedarf:	15 qm
- Verrechnungssatz pro qm:	12,00 EUR/qm/Monat
- Energiekosten	
- Energieentnahme	14 kwh
- Verbrauchskosten	0,10 kwh
- Grundgebühr:	250,00 p.a.
- Werkzeugkosten in EURO	5.000,00 p.a.
- Laufzeit	2.200 Std. p.a.

Schritt 1: Ermittlung der einzelnen jährlichen Kosten:

Kalkulatorische AfA:

Berechnung: $\frac{\text{Wiederbeschaffungskosten}}{\text{Nutzungsdauer in Jahren}}$ Beispiel: $\frac{220.000}{10} = 22.000$

Kalkulatorische Zinsen:

Berechnung: $\frac{\text{Anschaffungskosten} * \text{Zinssatz}}{2 * 100}$ Beispiel: $\frac{200.000 * 5}{2 * 100} = 5.000$

Instandhaltungskosten:

Berechnung: $\frac{\text{Anschaffungskosten} * \text{Inst.halt.kstsatz}}{100}$ Beispiel: $\frac{200.000 * 2}{100} = 4.000$

Raumkosten:

Berechnung: Raumbedarf*Verrechnungssatz/qm/Monat*12Monate

Beispiel: 15*12*12 = 2.160

Energiekosten:

Berechnung: Energieverbrauch/Stunde * Euro/kwh * Laufleistung p.a. + Grundgebühr

Beispiel: 14*0,1*2.200+250 = 3.330

Werkzeugkosten:

Sind als Festbetrag gegeben Beispiel: 5.000

Schritt 2: Ermittlung der gesamten jährlichen Maschinenkosten:

Alle oben ermittelten Kosten werden zusammengezählt:

Kalkulatorische Abschreibungen	22.000,00
+ Kalkulatorische Zinsen	+ 5.000,00
+ Instandhaltungskosten	+ 4.000,00
+ Raumkosten	+ 2.160,00
+ Energiekosten	+ 3.330,00
+ Werkzeugkosten	+ 5.000,00
= Maschinenkosten/Jahr	= 41.490,00

Schritt 3: Ermittlung des Maschinenstundensatzes:

Jährliche Maschinenkosten durch jährliche Laufzeit in Stunden teilen:

Berechnung: $\frac{\text{Maschinenkosten pro Jahr}}{\text{Laufzeit pro Jahr in Stunden}}$ Beispiel: $\frac{41.490}{2.200}$ = 18,86 €/Stunde

Schritt 4: Berechnung von Materialgemeinkosten, Restfertigungsgemeinkosten und Maschinenkosten:

MGK:

Berechnung: FM * $\frac{\text{MGKZ}}{100}$ = MGK in € Beispiel: 20 * $\frac{25}{100}$ = 5,- €

RFGK:

Berechnung: FL * $\frac{\text{RFGKZ}}{100}$ = RFGK in € Beispiel: 30 * $\frac{40}{100}$ = 12,- €

Maschinenkosten:

Berechnung: Laufzeit*Maschinenstundensatz = Maschinenkosten

Beispiel: 2 * 18,86 = 37,72

Schritt 5: Berechnung der Herstellkosten mit dem Kalkulationsschema für Maschinenstundensatz:

% von	Fertigungsmaterial (FM)	20,00	
	+ Materialgemeinkosten (MGK)	5,00	25%
% von	+ Fertigungslöhne (FL)	30,00	
	+ **Restfertigungsgemeinkosten (RFGK)**	12,00	40%
	+ **Maschinenkosten**	37,72	
	= Herstellkosten (HK)	104,72	

Lernkontrolle:

[Bitte beantworten Sie die Frage schriftlich. Lösungen finden Sie unter www.rewe-trainer.de]

1. a) Wir erhalten nachstehende Angaben zur Maschine Y. Es soll der Maschinenstundensatz ermittelt werden:

- Anschaffungskosten in EURO:	120.000,00
- Wiederbeschaffungskosten in EURO:	150.000,00
- Nuzungsdauer:	8 Jahre
- kalkulatorische Abschreibung:	linear
- kalkulatorische Zinsen:	7% vom halben Anschaffungswert
- Instandhaltungskosten:	3% p.a.
- Raumkosten:	
- Raumbedarf:	20 qm
- Verrechnungssatz pro qm:	10,00 EUR/qm/Monat
- Energiekosten	
- Energieentnahme	18 kwh
- Verbrauchskosten	0,12 kwh
- Grundgebühr:	300,00 p.a.
- Werkzeugkosten in EURO	5.000,00 p.a.
- Laufzeit	2.500 Std. p.a.

b) Ein Produkt läuft 90 Minuten auf Maschine Y. Außerdem stehen folgende Daten zur Verfügung:

- Fertigungsmaterial: 15,- €
- Materialgemeinkostenzuschlag: 15 %
- Fertigungslöhne: 13,- €
- Restfertigungsgemeinkostenzuschlag: 30 %

Es sollen die Herstellkosten berechnet werden.

Kostenträgerrechnung – Divisionskalkulation

a) Einstufige Divisionskalkulation

Hier werden einfach die Gesamtkosten durch die Stückzahl geteilt.

Beispiel – Einstufige Divisionskalkulation

Die Gesamtkosten betragen 100.000,- €. Es wurden 20.000 Stück produziert. Wir sollen die **Stückkosten** bestimmen.

Berechnung: $\frac{\text{Gesamtkosten}}{\text{Stückzahl}}$ = Stückkosten   Beispiel: $\frac{100.000}{20.000}$ = 5,- €/Stück

b) Mehrstufige Divisionskalkulation

Hier werden die Kosten auf verschiedene Bezugsgrößen bezogen. Meist werden die Herstellkosten und die Verwaltungskosten auf die produzierte Stückzahl bezogen. Die Vertriebskosten werden dagegen auf die verkaufte Stückzahl bezogen.

Beispiel – Mehrstufige Divisionskalkulation

Herstellkosten:	100.000,- €
Verwaltungskosten:	40.000,- €
Vertriebskosten:	20.000,- €
Produzierte Stückzahl:	50.000 Stück
Verkaufte Stückzahl:	40.000 Stück

Schritt 1: <u>Berechnung der Stückkosten von Herstellung, Verwaltung und Vertrieb:</u>

Berechnung: Beispiel:

$$\frac{\text{Herstellkosten}}{\text{produzierte Stückzahl}} = \text{Herstellstückkosten} \qquad \frac{100.000}{50.000} = 2,\text{- €/Stück}$$

$$\frac{\text{Verwaltungskosten}}{\text{produzierte Stückzahl}} = \text{Verwaltungsstückkosten} \qquad \frac{40.000}{50.000} = 0{,}80 \text{ €/Stück}$$

$$\frac{\text{Vertriebskosten}}{\text{verkaufte Stückzahl}} = \text{Vertriebsstückkosten} \qquad \frac{20.000}{40.000} = 0{,}50 \text{ €/Stück}$$

Schritt 2: <u>Berechnung der Gesamten Stückkosten:</u>

Stückkosten von Herstellung, Verwaltung und Vertrieb werden zusammengezählt.

Berechnung:	Beispiel:
Herstellstückkosten	2,- €
+ Verwaltungsstückkosten	+ 0,80 €
+ Vertriebsstückkosten	+ 0,50 €
= Stückkosten	= 3,30 €/Stück

c) <u>Divisionskalkulation mit Äquivalenzziffern:</u> 💣

Einsatzbereich **Sortenfertigung**:

Wenn verschiedenen aber gleichartigen Produkten, die ein konstantes Kostenverhältnis zueinander haben ihre Anteile an den Gesamtkosten zugerechnet werden sollen. Dabei legt man Äquivalenzziffern fest, die das Verhältnis zwischen den Produkten ausdrücken. Dabei wird immer in gleichen Schritten vorgegangen. Gegeben sind immer die Gesamtkosten, die Verhältnisse zwischen den Produkten und die jeweiligen produzierten Stückzahlen.

Am folgenden Beispiel lässt sich die Vorgehensweise nachvollziehen:

Beispiel - Äquivalenzziffernkalkulation:

Ein Likörhersteller produziert Sorten mit verschiedenem Alkoholgehalt. Die Kosten sind abhängig vom Alkoholgehalt des Likörs. Folgende Angaben liegen vor:

- Likör A: 10% Alkohol, Produktionsmenge: 225 Flaschen
- Likör B: 15% Alkohol, Produktionsmenge: 150 Flaschen
- Likör C: 22% Alkohol, Produktionsmenge: 250 Flaschen
- Gesamtkosten: 40.000,- €

Es sollen die **Kosten pro Flasche** und die **Gesamtkosten von A, B und C** ermittelt werden.

Schritt 1: <u>Festlegung der Äquivalenzziffern:</u>

Wir legen ein Produkt[12] als Äquivalenzziffer 1 fest und bestimmen daraufhin das Verhältnis der anderen zu 1.

Beispiel: A = 10% → Äz 1

$$B = \frac{\text{Alk B}}{\text{Alk A}} = \frac{15\%}{10\%} \rightarrow \text{Äz } 1{,}5$$

$$C = \frac{\text{Alk C}}{\text{Alk A}} = \frac{22\%}{10\%} \rightarrow \text{Äz } 2{,}2$$

Merke: Die Äquivalenzziffern drücken das Verhältnis zur Äquivalenzziffer 1 aus!

---

[12] Grundsätzlich kann jedes Produkt mit der Äz 1 versehen werden. Je nach Aufgabe bieten sich aber manche mehr an.

Schritt 2: <u>Eintrag der bekannten Daten in Tabelle:</u>

Produkt	Produktions-menge	Äquivalenz-ziffer	Verrechnungs-einheit	Kosten pro Stück	Gesamtkosten
A	225	1			
B	150	1,5			
C	250	2,2			
Summe		-	1000	-	40.000,00

Schritt 3: <u>Berechnung der Verrechnungseinheiten:</u>

Multiplikation der Äquivalenzziffern mit den Produktionsmengen der Produkte.[13]
Summe der Verrechnungseinheiten bilden.

Beispiel:	A: 225*1=225	225
	B: 150*1,5=225	+ 225
	C:250*2,2=550	+ 550
		= 1000

Eintrag in Tabelle:

Produkt	Produktions-menge	Äquivalenz-ziffer	**Verrechnungs-einheit**	Kosten pro Stück	Gesamtkosten
A	225	1	**225**		
B	150	1,5	**225**		
C	250	2,2	**550**		
Summe		-	**1000**	-	40.000,00

[13] Durch diese Aktion werden praktisch alle Produkte in die Einheit der Äz 1 umgewandelt. Wie beispielsweise verschiedene Währungen zum Vergleich in eine Währung umgerechnet werden. Z.B.: Wir wissen, dass ein EURO 1,5 mal mehr wert ist, als ein Dollar und ein Britisches Pfund 2,2-mal mehr Wert ist als ein Dollar. Wir rechnen nun alles in Dollar um.

Schritt 4: Ermittlung der Kosten pro Stück für Äz 1:

Gesamtkosten durch die Summe aller Verrechnungseinheiten teilen:

Beispiel: $\frac{40.000}{1.000}$ = 40,- ⟶ in Feld „Kosten pro Stück/A"

Eintrag in Tabelle:

Produkt	Produktions-menge	Äquivalenz-ziffer	**Verrechnungs-einheit**	Kosten pro Stück	Gesamtkosten
A	225	1	225	**40,00**	
B	150	1,5	225		
C	250	2,2	550		
Summe		-	1000	-	40.000,00

Schritt 5: Ermittlung der Kosten pro Stück für weitere Äz:

Multiplikation der Kosten pro Stück von Äquivalenzziffer 1 mit den Äquivalenzziffern von B und C.

Beispiel: B: 40*1,5=60 → in Feld „Kosten pro Stück/B"
C: 40*2,2=88 → in Feld „Kosten pro Stück/C"

Eintrag in Tabelle:

Produkt	Produktions-menge	Äquivalenz-ziffer	**Verrechnungs-einheit**	Kosten pro Stück	Gesamtkosten
A	225	1	225	40,00	
B	150	1,5	225	**60,00**	
C	250	2,2	550	**88,00**	
Summe		-	1000	-	40.000,00

Schritt 6: Ermittlung der Gesamtkosten der Produkte:

Multiplikation der jeweiligen Kosten pro Stück mit den Produktionsmengen

Beispiel: 40*225=9.000
60*150=9.000
250*88=22.000

Test: Die Summe der Kosten muss wieder die Gesamtkosten ergeben!

9.000 + 9.000 + 22.000 = 40.000 ✓ Test bestanden

Eintrag in Tabelle:

Produkt	Produktions-menge	Äquivalenz-ziffer	**Verrechnungs-einheit**	Kosten pro Stück	Gesamtkosten
A	225	1	225	40,00	**9.000,00**
B	150	1,5	225	60,00	**9.000,00**
C	250	2,2	550	88,00	**22.000,00**
Summe		-	1000	-	40.000,00

Lernkontrolle:

[Bitte beantworten Sie die Frage schriftlich. Lösungen finden Sie unter www.rewe-trainer.de]

1. Ein Sägewerk produziert Bretter in verschiedenen Längen. Die Kosten sind von der Länge abhängig. Folgende Angaben liegen vor:

- Brett A: 100 cm, Produktionsmenge: 200 Stück
- Brett B: 180 cm, Produktionsmenge: 120 Stück
- Brett C: 200 cm, Produktionsmenge: 150 Stück
- Gesamtkosten: 60.000,- €

Es sollen die **Kosten pro Brett** und die **Gesamtkosten von A, B und C** ermittelt werden.

Vergleich zwischen Vollkostenrechnung und Teilkostenrechnung

Was ist der Unterschied zwischen VKR und TKR?

Die Deckungsbeitragsrechnung ist eine **Teilkostenrechnung**. Das bedeutet sie **unterscheidet zwischen fixen Kosten** (=mengenunabhängig) **und variablen Kosten** (=mengenabhängig).

Dies ist der Unterschied zwischen der im Kapitel vorher behandelten Zuschlagskalkulation. Diese bezeichnet man als **Vollkostenrechnung**. Dort wird **kein Unterschied zwischen fixen und variablen Kosten** gemacht.

Vorgehen bei der Teilkostenrechnung:

- Es werden nur die variablen Kosten auf die Kostenträger verteilt
- Der Betrag der danach noch übrig bleibt heißt Deckungsbeitrag
- Die gesamten Deckungsbeiträge müssen dann die Fixkosten decken

Vorgehen bei der Vollkostenrechnung:

- Die Gemeinkosten werden auf Grund von Zuschlagssätzen auf die Kostenträger verrechnet

Kritik an der Vollkostenrechnung - Warum ist sie nicht für kurzfristige Entscheidungen geeignet?

- Bei Veränderung der Produktionsmenge ergeben sich Fehler → Keine Trennung von fixen und variablen Kosten
- Die fixen Kosten werden wie variable Kosten behandelt → führt zu falschen Ergebnissen
- Gemeinkosten sind oft nicht von den Einzelkosten abhängig → dann sind Zuschlagssätze sinnlos
- Verursachungsgerechte Zuteilung der Gemeinkosten ist oft nicht möglich

Vorteile der Teilkostenrechnung – Was macht die TKR besser?

- keine Verrechnungsprobleme der Gemeinkosten auf Kostenstellen
- nur die wirklich durch das Produkt verursachten Kosten werden berechnet
- Die Deckungsbeiträge zeigen wie wertvoll die einzelnen Produkte für das Unternehmen sind → wie viele Kosten decken sie?

Nachteile der TKR – Warum gibt es überhaupt noch Vollkostenrechnung?

- Kosten können oft nicht in fixe und variable Bestandteile aufgelöst werden
- Langfristig müssen alle Kosten gedeckt werden
  → VKR bezieht alle Kosten mit ein

Lernkontrolle:

[Bitte beantworten Sie die Fragen schriftlich. Lösungen finden Sie unter www.rewe-trainer.de]

1. Worin besteht die Hauptkritik an der Vollkostenrechnung?
2. Was sind die Vorteile der Teilkostenrechnung gegenüber der Vollkostenrechnung?

Deckungsbeitragsrechnung 💣

Bezeichnungen

Die Abkürzungen der einzelnen Einheiten folgen immer demselben Muster.

- Bezeichnung für **ein Stück in Kleinbuchstaben (kv, p, db, etc.)**
- Bezeichnung für die **Gesamtmenge in Großbuchstaben (K, Kf, Kv, U, DB, G, etc.)**

Die einzelnen Bestandteile der Deckungsbeitragsrechnung werden im Folgenden am Beispiel des Fahrradherstellers „Nice-Bike" erklärt. Wir gehen davon aus, dass wir nur einen Typ Fahrrad herstellen und verkaufen.

Kosten (K)

Die Kosten setzen sich zusammen aus **fixen Kosten und variablen Kosten.**

Die fixen Kosten sind von der Beschäftigung[#] (=produzierte Stückzahl) unabhängig. Typische fixe Kosten sind z.B. Miete oder Heizkosten. Ganz egal ob wir ein Stück oder eine Million Stück produzieren, die Miete bleibt immer gleich.

Beispiel: *Die fixen Kosten von Nice-Bike bestehen aus Miete für unsere Produktionshalle und Verkaufsräume, den Gehältern für unsere Geschäftsführer und Abschreibungen auf unsere Maschinen.*

Kf = 100.000,- €.

[#] Achtung: Beschäftigung hier hat nichts mit der Beschäftigung von Angestellten oder Ähnlichem zu tun! In diesem Zusammenhang gilt: Beschäftigung = produzierte Stückzahl.

Die variablen Kosten sind direkt von der Beschäftigung abhängig. Typische variable Kosten sind Fertigungsmaterial oder Fertigungslöhne. In jedem produzierten Stück stecken eine bestimmte Summe an Fertigungsmaterial und ein bestimmter Betrag an Fertigungslöhnen. Wenn wir Null Stück produzieren haben wir auch Null EURO variable Kosten. Wenn die Produktionsmenge steigt, steigen damit auch unsere variablen Kosten.

Beispiel: *Die variablen Kosten von Nice-Bike setzen sich zusammen aus dem Fertigungsmaterial pro Fahrrad, Räder, Rahmen, Sattel, Lenker, etc. = 200,- € und den Lohnkosten zur Herstellung eines Fahrrads = 150,- €. Daraus ergibt sich:*

kv = 350,- €.

Unsere Gesamtkosten (K) setzen sich also zusammen aus den fixen Gesamtkosten (K_f) und den variablen Kosten pro Stück (k_v) multipliziert mit der produzierten Menge (x).

$$K = K_f + k_v * x$$

Beispiel: *Für Nice-Bike ergibt sich also die Formel für die Gesamtkosten:*

$$K = 100.000 + 350 * x$$

<u>Umsatz (U)</u>

Das Gegenstück zu den Kosten ist unser Umsatz (U), auch Erlös genannt. Der Umsatz zeigt unsere Gesamteinnahmen. Er besteht aus dem Preis pro Stück (p) multipliziert mit der verkauften Menge(x).

$$U = p * x$$

Beispiel: *Der Verkaufspreis für ein Bike beträgt **750**,- €. Unsere Umsatzformel lautet also:*

$$U = 750 * x$$

Deckungsbeitrag (db)

Der Deckungsbeitrag zeigt uns wie viel beim Verkauf eines Produktes übrig bleibt um die fixen Kosten zu decken. Der Deckungsbeitrag ist also der Unterschied zwischen dem Verkaufspreis pro Stück (p) und den variablen Kosten pro Stück (k_v).

$$db = p - k_v$$

Beispiel: *Der Deckungsbeitrag ergibt sich aus der Differenz zwischen p und kv. In unserem Fall also: db = 750 – 350 =* ***400****. → Pro verkauftes Fahrrad decken wir also 400,- € unserer fixen Kosten ab.*

Gewinn (G)

Der Gewinn, auch Betriebsergebnis genannt, wird ermittelt aus dem Unterschied zwischen unserem Umsatz und unseren Kosten. Sind die Kosten höher als der Umsatz ergibt sich ein negatives Ergebnis und somit ein Verlust. Die Formel für den Gewinn lautet:

G = U – K oder in die einzelnen Bestandteile aufgelöst: **G = p*x – (Kf + kv*x).**

Beispiel: *Wenn wir nun bei Nice-Bike davon ausgehen, dass wir 300 Fahrräder verkauft haben ermittelt sich unser Gewinn so:*

*G = 750*300 – (100.000 + 350*300)*

G = 225.000 – 205.000

G = 20.000 → Wir haben einen ***Umsatz*** *von* ***225.000*** *und* ***Kosten*** *von* ***205.000****.*

Daraus ergibt sich ein ***Gewinn*** *von* ***20.000***

Der Gewinn kann auch über den Deckungsbeitrag ermittelt werden. Dabei wird der Gesamtdeckungsbeitrag (DB)[14] mit den Fixkosten verglichen. Die Formel lautet:

G = DB – Kf oder in die einzelnen Bestandteile aufgelöst: **G = db*x – Kf**

Beispiel: *Bei einer Verkaufszahl von 300 Fahrrädern sieht dies bei Nice-Bike so aus:*

*G = 400*300 – 100.000*

G = 120.000 – 100.000

G = 20.000 *→ Wir haben einen **Gesamtdeckungsbeitrag** von **120.000** und **fixe Kosten** von **100.000**. Daraus ergibt sich ein **Gewinn** von **20.000** (andere Methode, aber logischerweise das gleiche Ergebnis)*

[14] ergibt sich aus dem db pro Stück malgenommen mit der Menge (DB = db*x)

Break-Even-Point

Der Break-Even-Point (BEP), auch Gewinnschwelle genannt bezeichnet die **Stückzahl** mit der wir unsere fixen Kosten gerade decken können.

An dieser Stelle ist der Gesamtdeckungsbeitrag gleich hoch wie unsere fixen Kosten. Es gilt:

DB = Kf bzw. **db*x = Kf**

Ebenso ist unser Umsatz genauso hoch wie unsere Gesamtkosten. Es gilt:

K = U.

Der Gewinn ist genau Null. Also: G = 0.

Ermitteln können wir den BEP indem wir die fixen Kosten durch unseren Stückdeckungsbeitrag teilen. So erhalten wir die **Menge, die wir verkaufen müssen um die fixen Kosten gerade so zu decken.** Die Formel lautet:

$$\text{BEP} = \frac{Kf}{db}$$

Beispiel: *Wir errechnen für unser Unternehmen Nice-Bike also, die Menge an Fahrrädern die wir mindestens verkaufen müssen um unsere Kosten zu decken um keinen Verlust (und keinen Gewinn) zu machen. Die fixen Kosten betragen 100.000,- € und der Stückdeckungsbeitrag beträgt 400,- €. Dies ergibt für uns die Formel:*

$$\text{BEP} = \frac{100.000}{400} = \textbf{250 Stück}$$

→ *Wir **müssen 250 Fahrräder verkaufen** um die fixen Kosten erstmals zu decken und den Break-Even-Point zu erreichen. Ab einer Verkaufsmenge von 251 Rädern erzielen wir einen Gewinn.*

Eine weitere Möglichkeit den BEP zu ermitteln ist, den Umsatz und die Kosten gleichzusetzen und die Formel dann nach x aufzulösen.

U = K

p*x = Kf+ kv*x

Beispiel

*750*x = 100.000 + 350*x | – 350*x*

*400*x = 100.000 | :400*

x = 250

→ Logischerweise ergibt sich dasselbe Ergebnis wie oben.

Zauberformeln 💣

Teilweise sind die Aufgaben anders gestellt und es müssen andere Werte ermittelt werden. Wenn Sie die folgenden Formeln beherrschen, verstehen und umstellen können, können Sie praktisch jede Aufgabe in diesem Bereich lösen. Stellen Sie sicher, dass Sie die folgenden Formeln verstehen (Achtung verstehen heißt nicht auswendig können!).

Kosten

K = Kf + kv*x Gesamtkosten bestehen aus fixen Gesamtkosten und variablen Stückkosten mal Stückzahl

Umsatz

U = p*x Umsatz besteht aus dem Preis pro Stück mal der Stückzahl

Deckungsbeitrag pro Stück

db = p – kv Deckungsbeitrag pro Stück ergibt sich dem Unterschied von Stückpreis und variablen Kosten pro Stück

Deckungsbeitrag Gesamt

DB = db*x Gesamtdeckungsbeitrag besteht aus Stückdeckungsbeitrag mal Stückzahl.

und

DB = U – Kv Gesamtdeckungsbeitrag ergibt sich dem Unterschied zwischen Umsatz und variablen Gesamtkosten.

Gewinn = Betriebsergebnis

G = U – K	Der Gewinn ist der Unterschied zwischen Umsatz und Kosten
	und
G = p*x – (Kf + kv*x)	Der Gewinn ist der Unterschied zwischen Stückpreis mal Stückzahl und Kosten (Fixe Kosten + variable Kosten mal die Stückzahl)
	und
G = DB – Kf	Der Gewinn ergibt sich aus dem Unterschied zwischen Gesamtdeckungsbeitrag und fixen Kosten.

Break-Even-Point = Gewinnschwelle

BEP = $\frac{Kf}{db}$	Der Break-Even-Point ergibt sich aus den gesamten Fixkosten geteilt durch den Deckungsbeitrag pro Stück. Hier können wir unsere fixen Kosten gerade abdecken.
im BEP → G = 0	Im Break-Even-Point gilt: der Gewinn ist exakt gleich Null.
	und
im BEP → ***U = K***	Im Break-Even-Point gilt: Umsatz und Kosten sind genau gleich hoch (darum Gewinn gleich Null)

Preisuntergrenzen, Entscheidung ob weiterproduziert werden soll:

Kurzfristige Preisuntergrenze = variable Kosten pro Stück

Langfristige Preisuntergrenze = $\frac{\text{Gesamtkosten}}{\text{Stückzahl}}$

Hat ein Produkt einen negativen Deckungsbeitrag, sollte es aus dem Programm genommen werden!

Überblick:

	Pro Stück	Gesamt (300 Stück)
Preis/Umsatz	750,- €	225.000,- €
Variable Kosten	350,- €	105.000,- €
Deckungsbeitrag (Preis bzw. Umsatz – variable Kosten)	400,- €	120.000,- €
Fixe Kosten	100.000,- €	
Betriebsergebnis = Gewinn oder Verlust (Gesamtdeckungsbeitrag – fixe Kosten)	20.000,- € Gewinn	

Grafische Darstellung:

Teilweise wird in den Aufgaben eine grafische Darstellung der Kosten- und Erlösverläufe gefordert.
Diese sieht hier im Beispiel wie folgt aus:

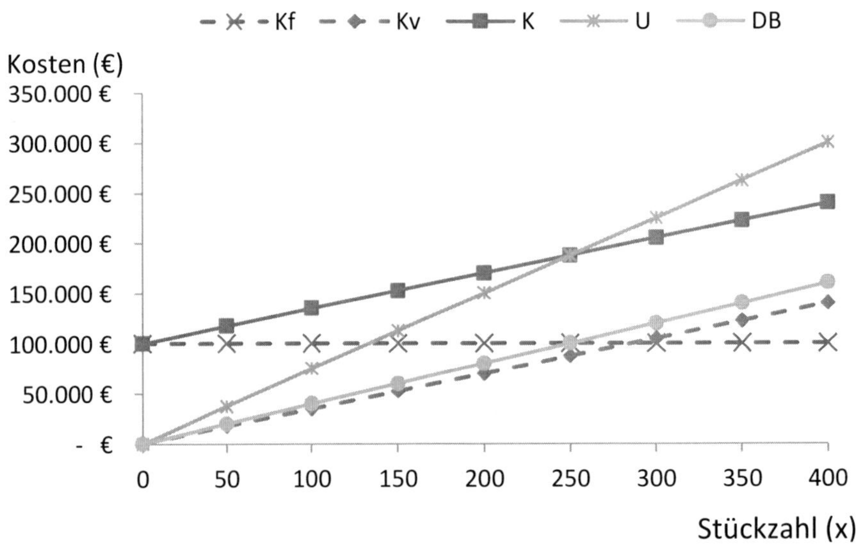

Beschreibung:

- Die Fixkosten (Kf) bleiben konstant, unabhängig von der Stückzahl bei 100.000,- €
- Die variablen Kosten (Kv) entwickeln sich mit der Stückzahl, sie beginnen bei 0,- €/0 Stück und nehmen pro Stück um 350,- € zu
- Die Gesamtkosten (K) beginnen bei 0 Stück auf Höhe der Fixkosten und nehmen von dort an in Höhe der variablen Kosten pro Stück um 350,- € zu
- Der Umsatz (U) beginnt bei 0,- €/0 Stück und steigt dann in Höhe des Preises von 750,- € an
- Der Gesamtdeckungsbeitrag (DB) beginnt bei 0,- €/0 Stück und steigt mit der Stückzahl um den Stückdeckungsbeitrag 400,- € pro Stück
- Im Break-Even-Point bei 250 Stück schneiden sich sowohl Umsatz und Gesamtkosten, wie auch Gesamtdeckungsbeitrag und Fixkosten.
  → 0 - 249 Stück = Verlustzone
  → exakt 250 Stück = Gewinnschwelle oder Break-even-Point
  → ab 251 Stück = Gewinnzone

Lernkontrolle:

[Bitte beantworten Sie die Fragen schriftlich. Lösungen finden Sie unter www.rewe-trainer.de]

1. Sie erhalten folgende Angaben. Berechnen Sie den Deckungsbeitrag pro Stück, den Break-Even-Point und das Betriebsergebnis bei einer Stückzahl von 2.000 verkauften Produkten.
   - Verkaufspreis: 50,- €
   - kv: 35,- €
   - Kf: 20.000,- €

IV. Betriebswirtschaftliche Auswertung

In der betriebswirtschaftlichen Auswertung werden die in der Finanzbuchhaltung festgestellten Zahlen zueinander ins Verhältnis gesetzt. Somit können genauere Feststellungen bezüglich der Situation des Unternehmens getroffen werden, als bei einer einzelnen Betrachtung der Werte.

Grundlagen

Was ist die betriebswirtschaftliche Auswertung (BWA)?

- Sie ist ein wichtiges Hilfsinstrument zur Kontrolle der betrieblichen Entwicklung
- Sie gibt einen Überblick über die aktuelle Situation des Unternehmens bezüglich
  → Kosten
  → Umsatz
  → Gewinn
  → Liquidität (=wie „flüssig" ist das Unternehmen)
  → Kapital- und Vermögensstruktur
  → **Rentabilität (= wie sehr lohnt sich unser Einsatz?)**

Wozu dient die betriebswirtschaftliche Auswertung (BWA)?

- Sie ermöglicht einen Vergleich zwischen verschiedenen Perioden (z.B. Jahren) eines Unternehmens
- Sie ermöglicht einen Vergleich zwischen verschiedenen Unternehmen
- Sie ermöglicht einen Vergleich zwischen verschiedenen Bereichen eines Unternehmens

Adressaten – Für wen ist die betriebswirtschaftliche Auswertung (BWA) bestimmt?

- Vor allem für das Unternehmen selbst → Die Geschäftsführung
- Für Banken zur Darstellung der Situation bei Kreditvergabe
- Potentielle Investoren
- Öffentlichkeit bei börsennotierten Unternehmen

Rentabilitätsanalyse 💣

(bedient sich GuV und Bilanz, setzt den Erfolg mit dem Mitteleinsatz ins Verhältnis)

Kennzahl	Grundfragen und Anmerkungen
Eigenkapitalrentabilität $\frac{\text{Gewinn}}{\text{Eigenkapital}}*100 = x\%$	→ Wie stark hat sich unser eigenes eingesetztes Kapital verzinst? → Quote sollte deutlich höher sein als aktueller Bankzinssatz (sonst hätte man das Geld auch ohne Risiko auf der Bank anlegen können)
Gesamtkapitalrentabilität $\frac{\text{Gewinn+Fremdkapitalzins}}{\text{Gesamtkapital}}*100 = x\%$	→ Wie stark hat sich das gesamte eingesetzte Kapital verzinst? → Fremdkapitalzinsen werden einbezogen, da sie Erträge der Kapitalgeber sind
Umsatzrentabilität $\frac{\text{Gewinn}}{\text{Umsatz}}*100 = x\%$	→ Wie viel unseres Umsatzes ist Gewinn? Oder wie viel Cent Gewinn pro Euro Umsatz? → Stark branchenabhängig → Hilft vor allem beim internen Vergleich z.B. zwischen Produktsparten im Unternehmen

Beispiel Rentabilitätsanalyse

Gegeben sind folgende Bilanz und GuV. Die Fremdkapitalzinsen betragen 15.000,- €.

Es sollen

- Eigenkapitalrentabilität
- Gesamtkapitalrentabilität
- Umsatzrentabilität

berechnet werden

Bilanz

Aktiva		Passiva	
I. Anlagevermögen		**I. Eigenkapital**	
Grundstücke und Gebäude	280.000	1. Eigenkapital	550.000
Maschinen	220.000		
Fuhrpark	150.000	**II. Fremdkapital (Schulden)**	
		1. Darlehen (langfristig)	250.000
II. Umlaufvermögen		2. Verbindlichkeiten L.L.	200.000
Roh-, Hilfs-, Betriebsstoffe (RHB)	120.000		
Forderungen L.L.	130.000		
Bankguthaben	80.000		
Kasse	20.000		
	1.000.000		1.000.000

GuV

Soll		Haben	
Aufwendungen	650.000	Umsatzerlöse	700.000
Saldo/Gewinn	**50.000**		
	700.000		700.000

Berechnungen: Beispiele:

$$\text{Eigenkapitalrentabilität} = \frac{\text{Gewinn}}{\text{Eigenkapital}} * 100 = x\%$$

$$\frac{50.000}{550.000} * 100 = 9{,}09\ \%$$

$$\text{Gesamtkapitalrentabilität} = \frac{\text{Gewinn+Fremdkapzins}}{\text{Gesamtkapital}} * 100 = x\%$$

$$\frac{65.000}{1.000.000} * 100 = 6{,}5\ \%$$

$$\text{Umsatzrentabilität} = \frac{\text{Gewinn}}{\text{Umsatz}} * 100 = x\%$$

$$\frac{50.000}{700.000} * 100 = 7{,}14\ \%$$

Weitere Kennzahlen

Für Ihre Prüfung ist die Rentabilitätsrechnung am wichtigsten. Die Berechnung anderer Kennzahlen zu Kosten, Umsatz, Gewinn, Liquidität sowie Kapital- und Vermögensstruktur können Sie Ihrer Formelsammlung entnehmen.

Lernkontrolle:

[Bitte beantworten Sie die Fragen schriftlich. Lösungen finden Sie unter www.rewe-trainer.de]

1. Wozu dient die betriebswirtschaftliche Auswertung?
2. Wer sind die Adressaten der betriebswirtschaftlichen Auswertung?
3. Sie erhalten folgende Angaben. Berechnen Sie die Eigenkapitalrentabilität, die Gesamtkapitalrentabilität und die Umsatzrentabilität.

   - Eigenkapital laut Bilanz: 500.000,- €
   - Gesamtkapital laut Bilanz: 1.200.000,- €
   - Gewinn laut GuV: 150.000,- €
   - Fremdkapitalzinsen laut GuV: 30.000,- €
   - Umsatz laut GuV: 3.000.000,- €

V. Plankostenrechnung (PKR)

Sinn der Plankostenrechnung ist es die **Wirtschaftlichkeit** einzelner Bereiche (z.B. Kostenstellen) zu **kontrollieren**. Es wird festgestellt ob es eine **Abweichung zwischen** den **geplanten** Kosten **und** den **tatsächlich entstandenen Kosten** gibt. Weiter kann der Grund für die Kostenabweichung ermittelt werden und somit wer für die Abweichung verantwortlich ist.

Die Schätzungen (Plankosten) werden mit den tatsächlichen Kosten (=Istkosten) verglichen.

Es gibt zwei Arten der Plankostenrechnung: starre PKR und flexible PKR

Starre Plankostenrechnung

einfache und schnelle Methode der Kostenkontrolle. Ihre Aussagefähigkeit ist aber sehr gering und ungenau, da die Plankosten nicht auf die Istbeschäftigung umgerechnet werden. Somit ist keine wirksame Kostenkontrolle möglich. Fixe Kosten und variable Kosten werden nicht getrennt.

Flexible Plankostenrechnung

Im Gegensatz zur starren Plankostenrechnung werden bei der flexiblen Plankostenrechnung Sollkosten in die Berechnung einbezogen. Daher kann die Berechnung an Beschäftigungsänderungen angepasst werden. Variablen Kosten und fixen Kosten werden getrennt. Zusätzlich zur Gesamtabweichung können die Beschäftigungsabweichung sowie die Verbrauchsabweichung ermittelt werden, daher ist die Kostenkontrolle wirksamer.

Bedeutung der Abweichungen:

- Verbrauchsabweichung → erhöhter (oder geringerer) Verbrauch von
- Material. → Der Kostenstellenleiter ist verantwortlich
- Beschäftigungsabweichung → Veränderte Produktionsmenge
  → Der Kostenstellenleiter ist nicht verantwortlich
- Gesamtabweichung → Summe aus Verbrauchs- und Beschäftigungsabweichung.
  Zeigt ob die Kosten insgesamt über- oder unterdeckt sind

Probleme der starren Plankostenrechnung:

- keine wirksame / verursachungsgerechte Kostenkontrolle möglich → da Vollkostenrechnung
- Wenn Istbeschäftigung niedriger als Planbeschäftigung, dann Kostenunterdeckung → Plankostenverrechnungssatz zu niedrig
- Wenn Istbeschäftigung größer als Planbeschäftigung, dann Kostenüberdeckung → Plankostenverrechnungssatz zu hoch
- Keine Basis für kurzfristige Entscheidungen → da Vollkostenrechnung

<u>Überblick:</u>

Starre PKR	**Flexible PKR**
Keine Trennung von fixen und variablen Kosten	Getrennte Verrechnung von fixen und variablen Kosten
Planung nur für einen Beschäftigungsgrad	Planung für alle Beschäftigungsgrade
Abweichungen der Beschäftigung können nicht berücksichtigt werden	Abweichungen im Verbrauch und in der Beschäftigung können ermittelt werden
Einfach aber ungenau	genauere und wirksamere (aber nicht wirklich verursachungsgerechte) Kostenkontrolle möglich

Lernkontrolle:

[Bitte beantworten Sie die Fragen schriftlich. Lösungen finden Sie unter www.rewe-trainer.de]

1. Was ist der Sinn der Plankostenrechnung?

2. Worin liegen die Unterschiede zwischen starrer und flexibler Plankostenrechnung?